普通高等教育"十三五"规划教材

化学工程与工艺专业
工程实训

莫桂娣　洪晓瑛　刘兰　主编

中国石化出版社
HTTP://WWW.SINOPEC-PRESS.COM

图书在版编目（CIP）数据

化学工程与工艺专业工程实训／莫桂娣，洪晓瑛，
刘兰主编.—北京：中国石化出版社，2019.2（2024.1 重印）
　ISBN 978-7-5114-5243-6

　Ⅰ.①化… Ⅱ.①莫… ②洪… ③刘… Ⅲ.①化学
工程 Ⅳ.①TQ02

中国版本图书馆 CIP 数据核字（2019）第 040824 号

中国石化出版社出版发行

地址:北京市东城区安定门外大街 58 号
邮编:100011 电话:(010)57512500
发行部电话:(010)57512575
http://www.sinopec-press.com
E-mail:press@ sinopec.com.cn
北京富泰印刷有限责任公司印刷
全国各地新华书店经销
＊
787 毫米×1092 毫米 16 开本 7 印张 156 千字
2019 年 4 月第 1 版　2024 年 1 月第 2 次印刷
定价:32.00 元

前　言

　　工程实训课程是本科教育培养方案中非常重要的一环。工程实训不仅是一门为化工专业课程打基础的实践课，而且是一门将知识、素质、能力和创新融为一体的综合训练课。它为实施素质教育和创新教育提供了良好的平台，是进行实践教学和综合训练的重要场所；是理论联系实际、培养学生创新精神的教育模式；是实施素质教育、创新教育的有效途径。它在提高学生的综合素质尤其是职业素质方面起着其他课程不能替代的作用。然而，目前国内设立工程实训课程的各高校，由于实训项目的多样性，很难有统一的教材，教师往往根据实训装置适时修改，难以针对性地编写工程实训类讲义或指导书，且部分常见实训装置介绍又存在知识重复和专业性不强的特点。

　　在实施新工科战略和化工专业已通过专业认证背景，以及广东石油化工学院的"双体系渗透融合人才培养模式创建与实践"教学成果的推动下，为了进一步体现本科教育"教必蕴育，育必铸灵"教育教学综合改革创新思想，特组织具有丰富实训经验的老师对本专业的工程实训课程和教案进行系统性修订和总结，并编写本教材。本教材包括"化工流体输送管路拆装实训""液-液连续萃取实训""延迟焦化中试生产实训""润滑油调合及分析实训""原油综合评价实训"和"蒸汽裂解制乙烯实训"等具有化工企业特色的实训内容，充分体现了教材"贴合专业""特色鲜明"和"石化渗透"的工程教育观念。

　　本书由莫桂娣负责全书规划、审稿和定稿；洪晓瑛负责第三章和附录三、四、五的编写及全书统稿；刘兰负责组织分工，并和沈蓓负责第五章和第六章的编写；曾兴业负责第一章、第八章、第九章、附录一和附录二的编写；曾兴业、袁迎和赵加民负责第七章的编写；王斌负责第二章的编写；张战军、曾兴业负责第四章的编写。

　　本书在编写过程中得到中国石化出版社和广东石油化工学院的大力支持，以及同行专家的指导，在此表示衷心的感谢。

　　由于编者水平所限，加上时间仓促，书中不妥和欠缺之处在所难免，欢迎各位专家和读者批评指正。

目　录

第一章 绪 论

第一节 工程实训的任务和目的

《化学工程与工艺专业工程实训》课程是化工专业重要的实践教学环节。在学习专业基础课程、专业课程和专业实验课程的基础上，通过系统的工程或工艺类实践训练，深层次地完成从方案设计、生产、产品分析到总结报告的系列实践活动。实训内容主要是围绕炼油和化工工程的操作单元，在校内工程实训中心完成，按选定模块进行教学。

《化学工程与工艺专业工程实训》课程主要的任务是要求学生深入了解炼油化工典型单元设备的结构与性能，掌握典型生产装置工艺流程、工艺控制指标、操作原理、产品质量控制指标要求及其检测方法，培养化工生产操作技能，掌握化工生产开停车操作、稳态运行操作，能运用工程理念和工程思维，对生产过程中的异常现象、生产事故作出正确判断，并准确地进行相应的处理，掌握炼油化工生产的组织与管理、产品质量分析、安全生产等方面的知识。

通过工程实训，力求达到以下目的：

（1）按照培养方案，完成该课程应达到的毕业要求指标点。

（2）通过实训，让学生切身体验企业生产氛围，掌握生产主要工序的基本操作技能。

（3）实训内容与生产实际相结合，兼顾科研开发；通过模拟生产实景，锻炼学生的综合素质和工程能力。

（4）实训设备以中试设备为主，可节省原料又可满足大型装置的流程化和技术要求的特点，让学生体验企业生产，熟悉各工序及部门之间的工作关系且做到节约资源。

（5）使学生在实训中直观地认识到专业实验与生产实践的密切相关性，使实训教学效果更加明显。

第二节 石油化工工程教育实训中心简介

《工程实训》课程主要在校内石油化工工程教育实训中心完成，该中心充分依托茂名石油化工产业基地，紧密结合"广东省劣质油加工与油品精细化利用工程技术研究中心""石油化工实验与实践中心""中央财政支持石油化工特色系列项目"等省级教学示范中心和科研平台，建设校内"石油化工工程教育实训中心"，其架构如图1-1所示。该实训中心拥有石油化工发展历史与成果认知平台、石化工程基础认知实训平台、石油化工典型成套工艺实训部(含仿真)、石油化工产品质量检测实训平台和工程实训中心平台，为学生完成工程实训课程提供了有利支撑与保障。

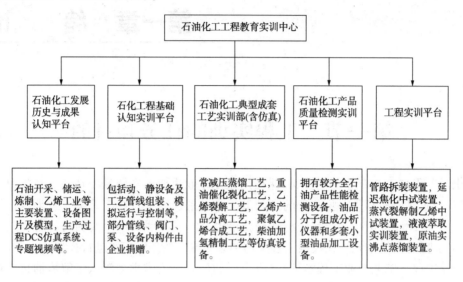

图 1-1　石油化工工程教育中心组织架构

第二章　化工流体输送管路拆装工程实训

第一节　概述

化工流体输送管路拆装是化工专业类学生实践实训的重要科目。化工流体输送管路拆装装置由管道、管件、阀门、水箱、水泵及测量仪表等组成。在实际生产中，只有把这些组成部分合理、正确地组装在一起才能保证装置的正常运行，并且在将部件拆分时也有许多需要注意的地方，例如怎样合理使用工具，如何将部件编号、合理放置等。

本实训装置是一套化工系统中最基础和最常用的经典的水流体输送系统。可实现管道流动阻力、管件识辨、离心泵特性、泵拆装、流量计安装和四大化工参量的安装、检测、显示等实训功能。实训过程中考查学生对该化工流程和管道系统的识图、搭建、开车、试运行和检修等过程，从而使学生认知化工系统的安装与运行，极大提升学生的动手能力，提高团队合作意识。

一、装置特点

（1）强调树立工程概念，特别是大化工观点的认知，强化手动操作技能训练，各动手单元如管道拆装、管件更换、基本检测器的接线、仪表参数整定，设置的故障检修点诊断等。

（2）对学生全面分析系统、辨别正误和迅速决策等能力，在实践中结合识图能力、出具规范清单、安全操作等各项理论功底的考查。

（3）配套流体输送机械、化工仪表和机械制图等多门课程的教学实践，如管道流动阻力、管件识辨、离心泵特性、流量计安装和四大化工参量的安装、检测、显示。

二、装置配置

1. 拆装仪表（见表2-1）

表2-1　拆装仪表

序　号	名　　称	形　　式	单　位	数　量
1	压力表	压力表，精度：1.5%FS	只	2
2	转子流量计	玻璃转子流量计，精度：4%FS	只	1
3	双金属温度计	双金属温度计，精度：1.5%FS	只	1

2. 实训装置配置表(见表 2-2)

表 2-2　实训装置配置表

分项	说　　　明			
设计 参数	液体流量：0~8m³/h			
	液体温度：常温			
公用 工程	水：装置自带贮水箱，实验前用清洁水源灌注满，实验过程中可循环使用，实验结束后排空即可			
	电：电压 AC380V，功率 4kW，三相四线制。每个实验室需配置 1~2 个接地点(安全地及信号地)			
实验 物料	清洁自来水			
对象 组成	水箱：不锈钢材质，带贮水排空底阀，进水管路设置专用接口			
	循环水泵：机械密封卧式连轴化工泵；供电：三相 380VAC；功率：3kW			
	水泵进口管路：不锈钢材质，DN50，配合法兰安装阀门及过滤器			
	水泵出口管路：不锈钢材质，DN32 及 DN40，配合法兰安装阀门			
	回流管路：不锈钢材质，DN40；安全泄压管路：不锈钢材质，DN25			
	灌泵管路：不锈钢材质，专用灌泵管路，方便操作检验；耐压测试管路：不锈钢材质，专用管路耐压测试接口			
	电源设备：布线槽，带漏电保护的空气开关盒			
仪控 检测 系统	变　量	检测机构	显示机构	执行机构
	离心泵进口压力	压力表，精度：1.5%FS	压力表就地显示	无
	离心泵出口压力	压力表，精度：1.5%FS	压力表就地显示	管路出口阀(手动)
	流体流量	玻璃转子流量计， 精度：4%FS	流量计就地显示	管路出口阀(手动)
设备 装置 系统	名　　称	规　　格	数　量	备　注
	循环水泵	机械密封卧式连轴化工泵	1	国标
	水箱	镜面不锈钢，Φ500×600	1	
	过滤器	不锈钢	1	国标
	闸阀	不锈钢，法兰式，DN50	2	国标
	铜球阀	螺纹式，DN15	4	国标
	止逆阀	不锈钢，DN40	1	国标
	安全阀	不锈钢，DN25	1	国标
	截止阀	不锈钢，法兰式，DN40	1	国标
	法兰	不锈钢，DN32	1 组	国标
		不锈钢，DN40		
		不锈钢，DN50		
	活接、三通、弯头等	不锈钢，与管路配套	1 组	国标
	管路	不锈钢管 DN25、N32、DN40、DN50	1 组	国标
		不锈钢软管	1	国标

续表

分项	说　明	
	电气元件	数量
电气	电源插头	1个
组成	4P 空气开关	1个
	8 路开关盒等	1组
备注	上述不锈钢均为 SUS304 材质	

三、工艺流程

（1）装置组成：本系统主要由离心泵、容器、管道、管件、阀门和仪表主要电器部件构成。

（2）管路拆装工艺流程图如图 2-1 所示。

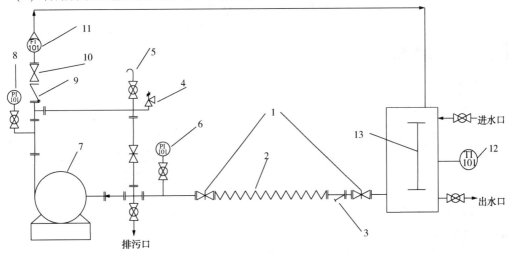

图 2-1　管路拆装工艺流程图

1—闸阀；2—软管；3—过滤器；4—安全阀；5—放空阀；6—真空表；7—泵；8—压力表；
9—单向阀；10—截止阀；11—转子流量计；12—双金属温度计；13—液位计

第二节　实训内容

一、实训目的

（1）掌握化工工艺流程图的识读、绘制的方法和步骤。

（2）了解阀门的种类和用途，掌握阀门的选用和安装。

（3）掌握闸阀、截止阀、球阀、安全阀、仪表调节阀的结构及工作原理。

（4）掌握管线的正确组装、拆除的程序及管道试压。

（5）能做到管线拆装过程中的安全规范。

二、实训任务

（1）查找资料，了解常见几种阀门、泵的特点、适用范围及各部件的作用。

（2）化工流体输送管路拆装现场。

① 领取工具，开始拆卸。

② 主要零部件测量尺寸，完成零部件一览表，画实训装置简易流程图。

③ 闸阀、截止阀测量绘制结构图。

④ 组装、试漏。

⑤ 泄漏处重新拆卸、组装。

（3）制图任务。

① 完成闸阀、截止阀的正面图、俯视图、左视图、半剖图，要求用 A3 图纸，按比例缩放，按照工程制图的要求完成，含尺寸标注及图纸标题栏。

② 完成管路的工艺流程图，要求采用 Auto CAD 软件制图，A3 图纸打印。在图中标注各零部件序号，包含零部件一览表及图纸标题栏。

三、实训操作

（1）管路拆卸。

① 操作前佩戴好手套等防护工具，对照工具领用表领用工具。

② 操作前先将管路内水放尽，并检查阀门是否处于关闭状态，将部件编号。

③ 按照拆装顺序一般由上至下，先仪表、阀门后拆管道，拆卸过程中不得损坏管件和仪表。拆下的管道、管件、阀门和仪表归类放好，对螺纹连接的管路，其中活接头管件必须首先卸下。

④ 按要求测量尺寸。

（2）管路组装。

① 对照管路示意图进行安装，安装中要保证横平竖直。

② 安装顺序一般先下后上，先远后近，先主线后分支，先管道后仪表、阀门，对螺纹连接的管道，其中活接头管件必须最后安装或拧紧。

③ 法兰与螺纹接合时法兰的平行度、同心度要符合要求。螺纹接合时要做到生料带缠绕方向正确和厚度合适，螺纹与管件咬合时要对准、对正、拧紧力度要适中。

④ 阀门的安装。阀门安装前要将内部清理干净，关闭好再进行安装，对有方向性的阀门要与介质流向吻合，安装好的阀门手轮位置要便于操作。

⑤ 流量计和压力表及过滤器的安装。按具体安装要求进行安装。注意流向，有刻度的位置要便于读数。

（3）试压、试漏。

管路安装后，为了保证管路能正常运行，要对管路的强度和气密性进行实验，检查管路是否有漏气、漏液现象。实验用的是水压实验，在实验压力下，最少 30min 以上，检查管路所有接口没有发现渗漏现象，即水压实验合格。若发现泄漏先卸压再处理，直到无泄漏。

（4）对照工具表归还工具并打扫实训现场。

四、化工流体输送管路拆装实训装置的操作注意事项

（1）试压时升压要缓慢，实验压力较高时，要逐渐加压以便能及时处理泄漏处和其他缺陷。

（2）操作中，安装工具要使用合适、恰当。法兰安装中要做到对得正、不反口、不错口、不张口。拧紧螺栓时应对称、十字交叉进行，以保证垫片受力均匀；安装和拆卸过程中注意安全防护，避免出现安全事故。

（3）实验结束后将系统内的水排尽。

五、数据记录

1. 工具领用表（见表 2-3）

表 2-3　工具领用情况登记表（第＿组）

序号	名　称	规　格	单位	数量	领用	归还	备注
1	管子钳	450mm	把	1			
2	管子钳	300mm	把	1			
3	活动扳手	12寸	把	1			
4	活动扳手	10寸	把	1			
5	呆扳手	17~19mm	把	1			
6	呆扳手	22~24mm	把	1			
7	两用扳手	17mm	把	1			
8	两用扳手	19mm	把	1			
9	两用扳手	22mm	把	1			
10	两用扳手	24mm	把	1			
11	木榔头	2.5寸	把	1			
12	穿心一字批	12寸（敲棒）	把	1			
13	螺丝一字批	小号	把	1			
14	螺丝一字批	中号	把	1			
15	螺丝十字批	小号	把	1			
16	螺丝十字批	中号	把	1			
17	水平尺	600mm	把	1			
18	直角尺	LG-ZT300 12"/300mm	把	1			
19	卷尺	3m	把	1			
20	普通游标卡尺	LG-W150 6"/0~150mm	把	1			

2. 主要零部件明细表(见表2-4)

表2-4　主要零部件明细表

零部件序号	零部件名称	长度/mm	直径(公称直径＊壁厚)/mm	备注

六、实训考核要求

1. 工程实训报告内容及要求

实训完成后按小组提交一份实训报告,要求电子版和纸质版,内容包括:

(1) 查找资料,了解几种常见阀门、泵的特点、适用范围及各部件的作用。

（2）原始数据记录表。

（3）实训总结。

（4）心得体会（每位同学一份）。

（5）小组讨论纪要（每位同学一份）。

（6）图纸：①闸阀结构图，②截止阀结构图，③化工流体输送管路工艺流程图。

2. 现场考核

要求参加考核的同学在规定时间内完成如下内容：

①根据管路拆装装置，能够准确识别所有的管道、管件、仪表、阀门等（管路由管道、管件、阀门等组成；管件有弯头、三通等；阀门有球阀、截止阀、止回阀、安全阀等；仪表有压力表、真空表、流量计等）。

②能准确列出组装管线中存在的问题。

③能进行管道的试漏、试运行，流量的切换等操作。

④能做到管路拆装过程中的安全规范。

3. 工程实训报告格式要求

（1）工程实训全文格式按毕业论文格式要求。

（2）必须有封面、目录、页眉、页脚。

4. 工程实训成绩构成

考勤 10%，在实训基地的安全性、规范性和整洁性等现场综合表现 30%，理论考试成绩 20%，现场考核 20%，实训报告 20%。

第三章 液-液连续萃取工程实训

第一节 概述

一、装置说明

1. 工业背景

萃取是利用混合物中各组分在外加溶剂中的溶解度差异而实现分离的单元操作。液-液连续萃取是实际工业生产中一种常见的分离液态混合物方式,利用萃取分离液态混合物分离效率高,运行费用低,能取得良好的工业效果。因此,液-液连续萃取装置是化工领域中常见装置,在无机化工、石油化工、医药化工、食品化工等行业中均有广泛应用。

考虑学校实际需求状况及实验原料的安全环保性,本萃取实训装置采用水、苯甲酸-煤油溶液为萃取体系,进行萃取实训操作。

2. 实训功能

(1)化工设备操作岗位技能:能进行气泵、离心泵、萃取塔等设备操作。

(2)现场工控岗位技能:气泵的流量调节及手阀调节;轻、重相入口及出口温度测控;轻相泵及重相泵输送压力测控。

(3)就地及远程控制岗位技能:现场控制台仪表与微机通讯,实时数据采集及过程监控;总控室控制台 DCS 与现场控制台通讯,各操作工段切换、远程监控、流程组态的上传记录等。

(4)分析岗位技能:对萃取体系的萃取前后样品进行分析,能进行取样、滴定、分析、计算等过程操作。

3. 流程简介

液-液连续萃取装置工艺流程图如图 3-1 所示。

清水从重相储槽(V205)经重相泵(P202)由上部加入萃取塔(T201)内,形成并维持萃取剂循环状态,再启动高压气泵(C201)从萃取塔底部加入空气,苯甲酸-煤油从轻相储槽(V203)经原料泵(P201)由萃取塔下部加入,向塔中加入空气是为了增大轻-重两相接触,加快传质速度。两相传质后,萃余液往塔顶富集,萃取液在塔底富集,通过萃取塔塔底出口阀 V32 控制采出量,维持油水分相界面在萃取塔塔顶玻璃视镜段低端 1/3 处左右。当塔顶液位高于溢流管时,液体经溢流管流入萃余分相罐(V206)中再次分层,萃余分相罐上层液体经溢流管进入萃余相储罐(V202),下层液体经分相罐底阀 V13 流入萃取相储罐(V204)中。待系统稳定后,在原料取样口 V01、萃余相取样口 V27 和萃取相取样口 V20

处，分别取样分析其苯甲酸含量。

通过改变空气流量和轻重相的进口物料流量，比较不同操作条件下的萃取效果。

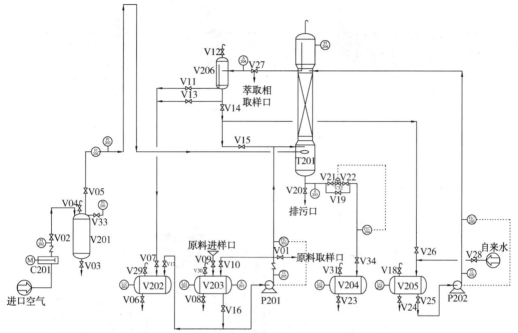

图 3-1　液-液连续萃取装置工艺流程图

C201—气泵；V201—空气缓冲罐；V202—萃余相储罐；V203—轻相储罐；V204—萃取相储罐；

V205—重相储罐；V206—萃余分相罐；P201—轻相泵；P202—重相泵；T201—萃取塔

4. 装置布局示意图

装置平面布置示意图如图 3-2 所示，装置立面示意图如图 3-3 所示。

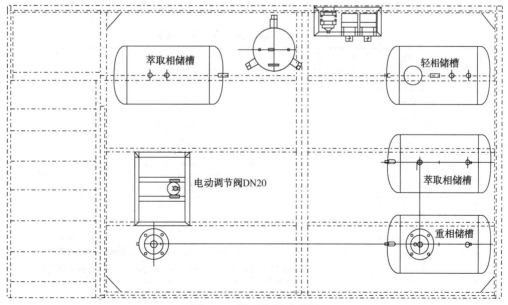

图 3-2　平面布置示意图

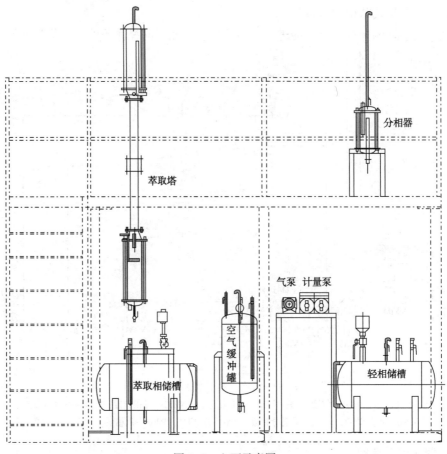

图 3-3 立面示意图

5. 设备一览表(见表 3-1)

表 3-1 液-液连续萃取装置设备一览表

名 称	规 格 型 号
空气缓冲罐	不锈钢，Φ300mm×200mm
萃取相储罐	不锈钢，Φ400mm×600mm
轻相储罐	不锈钢，Φ400mm×600mm
萃余相储罐	不锈钢，Φ400mm×600mm
重相储罐	不锈钢，Φ400mm×600mm
萃余分相罐	不锈钢，Φ150mm×320mm
重相泵	计量泵，54L/h
轻相泵	计量泵，54L/h
萃取塔	上下扩大段：硬质玻璃，Φ150mm×600mm×2； 中间填料段：不锈钢，Φ120mm×1200mm；填料为不锈钢规整填料
气泵	小型压缩机

二、生产技术指标

在化工生产中,对各个工艺参数都有一定的控制要求。有些工艺参数直接表征生产过程,对产品的产量和质量起着决定性的作用;有些参数是保持装置平稳生产获得良好控制的前提条件。

为了满足实训操作需求,可以有两种控制方式:一是人工控制,二是自动控制。后者是使用自动化仪表等控制装置来代替人的观察、判断、决策和操作。先进控制策略能够有效保持生产过程的平稳性和提高产品的合格率,对于降低生产成本、节能、减排、降耗、提高企业的经济效益具有重要意义。

根据当代工业装置的特点,本装置采用先进的 DCS 控制系统,能够让操作者更好地熟悉工厂操作环境。在开车前,要明确设备的工艺操作参数和自动控制系统内容。

1. 各项工艺操作指标

温度控制:轻相泵出口温度为室温。

　　　　　重相泵出口温度为室温。

流量控制:萃取塔进口空气流量为 0.10~0.25m³/h。

　　　　　轻相泵出口流量为 15~54L/h。

　　　　　重相泵出口流量为 15~54L/h。

液位控制:当水位达到萃取塔塔顶(玻璃视镜段)1/3 位置。

压力控制:气泵出口压力为 0.01~0.02MPa。

　　　　　空气缓冲罐压力为 0.00~0.02MPa。

　　　　　空气管道压力控制为 0.01~0.03MPa。

2. 主要控制回路

(1) 轻相泵流量(FI202)控制,如图 3-4 所示。

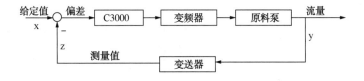

图 3-4　轻相泵流量控制路线图

(2) 萃取剂流量(FI203)控制,如图 3-5 所示。

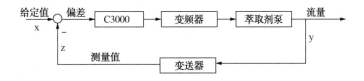

图 3-5　萃取剂泵流量控制路线图

三、装置联调及试车

1. 控制面板示意图

液-液连续萃取装置控制面板示意图如图3-6所示。

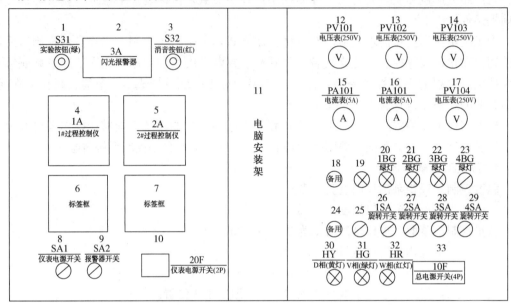

图3-6　液-液连续萃取装置控制面板示意图

2. 控制面板对照表(见表3-2)

表3-2　液-液连续萃取装置控制面板对照表

序　号	名　称	功　能
1	试验按钮	检查声光报警系统是否完好
2	闪光报警器	发出报警信号,提醒操作人员
3	消音按钮	消除警报声音
4	C3000仪表调节仪1A	工艺参数的远传显示、操作
5	C3000仪表调节仪2A	工艺参数的远传显示、操作
6	标签框	注释仪表通道控制内容
7	标签框	注释仪表通道控制内容
8	仪表开关SA1	仪表电源开关
9	报警开关SA2	报警电源开关
10	空气开光QF2	装置仪表电源总开关
11	电脑安装架	
12	电压表(PV101)	轻相泵工作电压
13	电压表(PV102)	重相泵工作电压
14	电压表(PV103)	备用电压表

续表

序　号	名　称	功　能
15	电流表(PA101)	轻相泵工作电流
16	电流表(PA102)	重相泵工作电流
17	电压表(PV104)	备用电压表
18		备用
19	电源指示灯	开关电源运行状态指示
20	电源指示灯	电动调节阀运行状态指示
21	电源指示灯	轻相泵运行状态指示
22	电源指示灯	重相泵运行状态指示
23	电源指示灯	气泵运行状态指示
24		备用
25	电源开关	开关电源开关
26	电源开关	电动调节阀电源开关
27	电源开关	轻相泵电源开关
28	电源开关	重相泵电源开关
29	电源开关	气泵电源开关
30	黄色指示灯	空气开关通电状态指示
31	绿色指示灯	空气开关通电状态指示
32	红色指示灯	空气开关通电状态指示
33	空气开关(QF1)	电源总开关

3. 装置联调

装置联调也称水试，是用水、空气等介质代替生产物料所进行的一种模拟生产状态的试车。目的是检验生产装置连续通过物料的性能，观察仪表是否能准确地指示流量、温度、压力、液位等数据，以及设备的运转是否正常等情况。

此操作在装置初次开车时很关键，平常实训操作时，可以根据具体情况，操作其中的一些步骤。

（1）由相关操作人员组成装置检查小组，对本装置所有设备、管道、阀门、仪表、电气、分析等按工艺流程图要求和专业技术要求进行检查，确认无误。

（2）设备吹扫。工业上大部分利用空气进行吹扫，流速应不小于20m/s，在排气口先后用涂白油漆的木制靶和白布进行检查，如5min内靶上无铁锈、尘土、水分及其他脏物即为合格。吹扫管路时不能进入塔器、容器、换热器等，这些设备要隔离，封闭前单独清扫。同时，吹扫要注意以下事项：

①吹扫带安全阀的设备管道时，应把安全阀拆除，吹扫完后再装上。

②在吹扫经过泵的管道时，介质应走泵的跨线。吹扫一段时间后，拆开入口法兰，吹扫泵入口管道，干净后装上过滤网和法兰，吹扫出口管道。在吹扫入口管道时，要做好泵入口的遮挡工作，防止杂物吹入泵体内。没有跨线的泵，可将其出口管道反吹。

③在吹扫各容器、塔、反应器时，应由里向外吹。一般不准直接向容器、塔、反应器里吹扫、冲洗。

④在吹扫换热设备时，不论壳程、管程，在入口处均应拆开法兰。待管道吹扫干净后，再装上法兰，让介质通过。由于吹扫操作比较复杂，而且本装置在出厂之前已经完成，再次开车时，不必再进行此项操作。

（3）系统检漏。打开系统内所有设备间连接管道上的阀门，关闭系统所有排污阀、取样阀、仪表根部阀（压力表无根部阀时，应拆除压力表用合适的方式堵住引压管口），向系统内缓慢加水，关注加水进度情况，检查装置泄漏，及时消除泄漏点并根据水位上升状况及时关闭相应的放空阀。当系统水加满后关闭放空阀，使系统适当承压（控制在 0.1MPa 以下）并保持 10min，系统无不正常现象则可以判定此项工作结束。然后开启放空阀并保持常开状态，开启装置低处的排污阀，将系统内水排放干净。

（4）设备试车。

①轻相泵试车。在轻相储槽内充满清水，检查轻相泵电路系统，开启轻相泵进口阀（V16），启动轻相泵向萃取塔内送入清水，检查轻相泵运行是否正常。

②重相泵试车。在重相储槽内充满清水，开启重相泵进口阀（V25），启动重相泵，向萃取塔内送入清水，检查重相泵运行是否正常。

③气泵试车。检查气泵电机电路，开启气泵出口阀（V02），关闭空气缓冲罐气体出口阀、放空阀（V04、V05），启动气泵，若气泵运行平稳，输出气体在 10min 内将空气缓冲罐充压至 0.1MPa，则视为气泵合格。

④装置整体试车。

a. 开启自来水进水阀门（V28）并一直保持开启状态，向重相储槽内加清水至 2/3 液位，开启重相泵进口阀门（V25），萃余分相罐底部出口阀（V11），关闭萃取塔出口阀、排污阀（V20、V19），关闭萃余分相罐出口阀（V13、V14），启动重相泵，以最大流量形成内循环。

b. 向轻相储槽加清水至 2/3 液位，开启轻相储槽出料阀（V09）、轻相泵进出口阀（V16）、萃余分相罐轻相出口阀（V11），关闭萃余分相罐底部出口阀（V13、V14），减小重相进出口流量，开启轻相泵，调节轻相、重相进出口流量相当。

c. 当系统运行稳定后，开启气泵，调节空气流量向萃取塔内鼓入适量气泡，若运行正常，则设备整体试车完毕。

（5）声光报警系统检验信号报警系统有：试灯状态、正常状态、报警状态、消音状态、复原状态。

①试灯状态：所在正常状态下，检查灯光回路是否完好（按控制面板上的试验按钮 1）。

②正常状态：此时，设备运行正常，没有灯光或音响信号。

③报警状态：当被测工艺参数偏离规定值或运行状态出现异常时，发出音响灯光信号，以提醒操作人员。

④接收状态：操作人员可以按控制面板上的消音按钮从而解除音响信号，保留灯光信号。

⑤复原状态：当故障解除后，报警系统恢复到正常状态。

第二节　实训内容

一、实训目标

（1）认识萃取设备结构。

（2）认识萃取装置流程及仪表。

（3）掌握萃取装置的运行操作技能。

（4）学会常见异常现象的判别及处理方法。

（5）实训过程安全生产操作。

（6）比较不同轻重相进料流量配比的萃取效果。

二、实训内容

（1）查找相关资料，撰写开工方案[简述开工流程，萃取操作条件设计，原料、塔顶轻相、塔底重相分析检测方法（包括标准溶液配制、标定，产品分析方法，计算公式，分析数据记录表格），停工流程，生产操作记录表，安全注意事项，人员分工等]。

（2）每个小组按照实训时间安排表进行液-液连续萃取实训操作。

（3）整理生产操作记录，分析数据处理，撰写实训报告。

三、工艺流程

液-液连续萃取装置工艺流程如前图3-1所示。

四、实训操作

1. 开车前准备

（1）由相关操作人员组成装置检查小组，对本装置所有设备、管道、阀门、仪表、电气、分析等按工艺流程图要求和专业技术要求进行检查。

（2）检查所有仪表是否处于正常状态。

（3）检查所有设备是否处于正常状态。

（4）试电。

①检查外部供电系统，确保控制柜上所有开关均处于关闭状态。

②开启外部供电系统总电源开关。

③打开控制柜上空气开关33（QF1）。

④打开24V电源开关以及空气开关10（QF2），打开仪表电源开关。查看所有仪表是否上电，指示是否正常。

⑤将各阀门顺时针旋转操作到关的状态。

（5）原料准备。

①取苯甲酸两瓶（500g），煤油150kg，在敞口容器内配制成苯甲酸-煤油饱和溶液，并

滤去溶液中未溶解的苯甲酸。

②将苯甲酸-煤油饱和溶液加入轻相储罐，到其容积的1/2~2/3。

③在重相储罐内加入自来水，控制水位在1/2~2/3。

2. 开车

(1) 关闭萃取塔排污阀(V20)、萃取相储槽排污阀(V23)、萃取塔液相出口阀(及其旁路阀)(V32、V21、V22)。

(2) 开启重相泵进口阀(V25)，启动重相泵(P202)，以重相泵的较大流量从萃取塔顶向系统加入清水，每间隔30min现场巡检一次并按照表3-8记录主要操作参数。当水位达到萃取塔塔顶(玻璃视镜段)1/3位置时，打开萃取塔重相出口阀(V21、V22)，调节重相出口调节阀(V32)，控制萃取塔顶液位稳定。

(3) 在萃取塔液位稳定基础上，将重相泵出口流量降至24L/h，萃取塔重相出口流量控制在24L/h。

(4) 打开缓冲罐入口阀(V02)，启动气泵，关闭空气缓冲罐放空阀(V04)，打开缓冲罐气体出口阀(V05)，调节适当的空气流量，保证一定的鼓泡数量。

(5) 观察萃取塔内气液运行情况，调节萃取塔出口流量，维持萃取塔塔顶液位在玻璃视镜段1/3处位置。

(6) 打开轻相泵进口阀(V16)，启动轻相泵，将轻相泵出口流量调节至12L/h，向系统内加入苯甲酸-煤油饱和溶液，观察塔内油—水接触情况，控制油—水界面稳定在玻璃视镜段1/3处位置。

(7) 轻相逐渐上升，由塔顶出液管溢出至萃余分相罐，在萃余分相罐内油—水再次分层，轻相层经萃余分相罐轻相出口管道流出至萃余相储槽，重相经萃余分相罐底部出口阀后进入萃取相储槽，萃余分相罐内油—水界面控制以重相高度不得高于萃余分相罐底封头5cm为准。

(8) 当萃取系统稳定运行40min后，在萃取塔出口处取样口(A201、A203)采样分析。

(9) 改变鼓泡空气、轻相、重相流量，获得4~5组实验数据，做好操作记录。

3. 停车操作

(1) 停止轻相泵，关闭轻相泵进出口阀门。

(2) 将重相泵流量调整至最大，使萃取塔及分相器内轻相全部排入萃余相储槽。

(3) 当萃取塔内、萃余分相罐内轻相均排入萃余相储槽后，停止重相泵，关闭重相泵进口阀(V25)，将萃余分相罐内重相、萃取塔内重相排空。

(4) 三废处理。

(5) 进行现场清理，保持各设备、管路的洁净。

(6) 做好操作记录。

(7) 切断控制台、仪表盘电源。

4. 正常操作注意事项

(1) 按照要求巡查各界面、温度、压力、流量液位值并做好记录。

(2) 分析萃取、萃余相的浓度并做好记录、能及时判断各指标否正常，及时排污。

(3) 控制进、出塔重相流量相等，控制油—水界面稳定在玻璃视镜段1/3处位置。

（4）控制好进塔空气流量，防止引起液泛，保证良好的传质效果。

（5）当停车操作时，要注意及时开启分凝器的排水阀，防止重相进入轻相储槽。

（6）用酸碱滴定法分析苯甲酸浓度。

5. 设备维护及检修

（1）计量泵的开、停、正常操作及日常维护。

（2）气泵的开、停、正常操作及日常维护。

（3）填料萃取塔的构造、工作原理、正常操作及维护。

（4）主要阀门（萃塔顶界面调节，重相、轻相流量调节）的位置、类型、构造、工作原理、正常操作及维护。

（5）温度、流量、界面的测量原理，温度、压力显示仪表及流量控制仪表的正常使用。

（6）定期组织学生进行系统检修演练。

6. 塔顶轻相及原料分析检测

塔顶轻相及原料中苯甲酸含量分析检测参考《轻质石油产品酸度测定法 GB/T 258—2016》。

（1）基本概念。

酸度：指中和 100mL 油品中的酸性物质，所需的氢氧化钾毫克数，以 mgKOH/100mL 表示。

（2）0.05mol/L 氢氧化钾-乙醇标准溶液制备及标定。

①试剂及仪器。

氢氧化钾：分析纯；95%乙醇：分析纯；邻苯二甲酸氢钾：基准物；酚酞指示剂：1%的酚酞乙醇溶液；三角烧瓶：250mL；烧杯；微量滴定管：量程 2mL，分度 0.01mL；棕色具塞瓶。

②配制。

称取 1.4g 氢氧化钾溶于 500mL 的 95%乙醇中，摇均匀。保存于棕色具塞瓶中静止 24h 后取上层清液标定。

③标定。

原理：

$$KHC_8H_4O_4 + KOH = K_2C_8H_4O_4 + H_2O \qquad (3-1)$$

方法：称取已干燥（105～110℃）至恒重的基准物邻苯二甲酸氢钾 10～20mg，称准至 0.2mg。溶于 30mL 水中，加热至沸腾后滴进 2～3 滴 1%酚酞指示剂，用待标定的氢氧化钾-乙醇溶液滴定至溶液呈粉红色。数据记录见表 3-3。

表 3-3　氢氧化钾-乙醇标准溶液标定数据

项　目	1	2	3
邻苯二甲酸氢钾的质量 G/mg			
氢氧化钾-乙醇溶液的起始体积 V_0/mL			
氢氧化钾-乙醇溶液的终点体积 V_i/mL			
氢氧化钾-乙醇溶液的消耗体积 V/mL			

项　目	1	2	3
氢氧化钾-乙醇标准溶液的浓度 $C/(\text{mol/L})$			
氢氧化钾-乙醇标准溶液平均浓度 $C/(\text{mol/L})$			

注：氢氧化钾-乙醇标准溶液的浓度准确至 0.0001mol/L。

④标准溶液浓度计算。

氢氧化钾-乙醇标准溶液的当量浓度 mol/L 按下式计算：

$$C_{\text{KOH-C}_2\text{H}_5\text{OH}}(\text{mol/L}) = \frac{G}{V \times 204} \tag{3-2}$$

式中　G——邻苯二甲酸氢钾的质量，mg；

　　　V——氢氧化钾溶液消耗体积，mL；

　　204——邻苯二甲酸氢钾摩尔分子质量，g/mol。

（3）仪器及试剂。

95%乙醇：分析纯；氢氧化钾-乙醇标准溶液（已标定）；酚酞指示剂：1%的酚酞-乙醇溶液；盐酸：分析纯，配制成 0.05mol/L 盐酸溶液；三角烧瓶：24#磨口，250mL；空气冷凝管：磨口与三角烧瓶相匹配，长约 600mm；微量滴定管：量程 2mL，分度 0.01mL；移液管：1mL、2mL；量筒：25mL；电热套。

（4）实验步骤。

①取 95%乙醇 20mL 注入清洁无水的锥形烧瓶中，装上回流冷凝管。在不断摇动下，将 95%乙醇煮沸 3min，除去溶解于 95%乙醇内的二氧化碳。

②在煮沸过的 95%乙醇中加入 0.5mL 酚酞-乙醇溶液，趁热用已标定的氢氧化钾-乙醇标准溶液中和直至溶液由无色呈现浅玫瑰色为止。如氢氧化钾-乙醇滴定过量时，呈现浅红（或紫红或浅玫瑰）色，可滴入若干滴稀盐酸至微酸性，再重新中和滴定。

③将试样加入到盛有经中和过的 95%乙醇的锥形烧瓶中。装上回流冷凝管。在不断摇动下，将溶液煮沸 3min。在煮沸过的混合液中，加入 0.5mL 酚酞-乙醇溶液，在不断摇动下趁热用已标定的氢氧化钾-乙醇标准溶液滴定，直至乙醇层由无色呈现浅玫瑰色为止。

在每次滴定过程中，从锥形烧瓶停止加热至滴定达到终点所经过的时间不应超过 3min。

（5）实验结果计算。

①试验原始数据计算及记录（见表 3-4 和表 3-5）。

试样的酸度 X，用 mgKOH/100mL 的数值表示，按下式计算：

$$X = \frac{56.1 \times C_{\text{KOH}} \times V}{V_i} \tag{3-3}$$

式中　V——滴定时所消耗氢氧化钾-乙醇标准溶液的体积，mL；

　　　V_i——试样的取样量，mL；

　C_{KOH}——氢氧化钾-乙醇标准溶液的浓度，mol/L；

　56.1——氢氧化钾的摩尔质量，mol/L；

　100——酸度换算成 100mL 的常数。

$$萃取效率(E) = \frac{X_{萃余相i} - X_{原i}}{X_{原i}} \times 100\% \tag{3-4}$$

式中 $X_{萃余相i}$——i 试样萃余相的酸度，mgKOH/100mL；

$\quad\quad X_{原i}$——i 试样原料的酸度，mgKOH/100mL。

表 3-4 原料实验数据记录表

氢氧化钾-乙醇标准溶液的浓度：＿＿＿＿＿＿＿＿ 日期：＿＿＿＿＿＿＿＿ 分析人员：＿＿＿＿＿＿＿＿

试样名称	试样取样量/mL	KOH-C₂H₅OH 消耗量/mL			原料酸度/（mgKOH/100mL）
		起始体积	终点体积	消耗体积	

表 3-5 塔顶轻相实验数据记录表

氢氧化钾-乙醇标准溶液的浓度：＿＿＿＿＿＿＿＿ 日期：＿＿＿＿＿＿＿＿ 分析人员：＿＿＿＿＿＿＿＿

试样名称	试样取样量/mL	KOH-C₂H₅OH 消耗量/mL			塔顶轻相酸度/（mgKOH/100mL）	原料酸度/（mgKOH/100mL）	萃取效率/%
		起始体积	终点体积	消耗体积			

② 绘制萃取效率随着萃取条件改变的曲线图。

7. 塔底重相分析检测

塔底重相中苯甲酸含量分析检测参考酸碱滴定的方法。

（1）0.05mol/L NaOH 标准溶液的配制和标定。

①试剂及仪器。

氢氧化钠：分析纯；蒸馏水；邻苯二甲酸氢钾：基准物；酚酞指示剂：1%的酚酞-乙醇溶液；三角烧瓶：24#标准磨口，250mL；碱式滴定管：量程 25mL，分度 0.1mL；容量瓶：500mL；分析天平：200g，可精确称量至 0.001g；玻璃棒。

②配制。

将氢氧化钠配成饱和溶液，量取上层清液 26mL 注入 500mL 水中摇均匀。

③标定。

称取已干燥（105~110℃）至恒重的基准物邻苯二甲酸氢钾 0.3g，称准至 0.0002g。溶于

80mL 水中,加热至沸腾后滴进 2~3 滴 1%酚酞指示剂,用待标定的 NaOH 溶液滴定至溶液呈粉红色。记录 NaOH 用量(见表 3-6),计算 NaOH 浓度。

氢氧化钠标准溶液的浓度 mol/L 按下式计算:

$$C_{NaOH}(mol/L) = \frac{G}{V \times 204 \times 1000} \tag{3-5}$$

式中　G——邻苯二甲酸氢钠的质量,g;

　　　　V——氢氧化钠溶液消耗体积,mL;

　　　　204——邻苯二甲酸氢钾摩尔分子质量,g/mol。

表 3-6　NaOH 标准溶液标定数据

项　目	1	2	3
邻苯二甲酸氢钠的质量 G/g			
氢氧化钠溶液的起始体积 V_0/mL			
氢氧化钠溶液的终点体积 V_i/mL			
氢氧化钠溶液的消耗体积 V/mL			
氢氧化钠标准溶液的浓度 $C/(mol/L)$			
氢氧化钠标准溶液的平均浓度 $C/(mol/L)$			

注:氢氧化钠标准溶液的浓度准确至 0.0001mol/L。

(2)试剂及仪器。

NaOH 标准溶液(已标定);蒸馏水;酚酞指示剂:1%的酚酞-乙醇溶液;三角烧瓶:250mL;碱式滴定管:量程 25mL,分度 0.1mL;移液管:1mL、5mL。

(3)实验步骤。

取样后,加入 3 滴酚酞-乙醇指示剂,用标定好浓度的氢氧化钠标准溶液滴定至浅红色出现,30s 不褪色,记录 NaOH 标准溶液用量。

(4)实验结果记录及计算。

①试验原始数据记录,见表 3-7。

表 3-7　塔底重相实验原始记录

氢氧化钠标准溶液的浓度:＿＿＿＿＿＿＿＿＿　日期:＿＿＿＿＿＿＿＿　分析人员:＿＿＿＿＿＿＿

试样名称	试样取样量/mL	滴定消耗 V_{NaOH} 的量/mL			苯甲酸的浓度/(mol/L)	平均值/(mol/L)
		起始体积	终点体积	消耗体积		

②计算。

苯甲酸在试样中的浓度 $C_{苯甲酸}$ 按下式计算：

$$C_{苯甲酸} = \frac{C_{NaOH} \times V_{NaOH}}{V_i} \qquad (3-6)$$

式中　V_{NaOH}——滴定时消耗的氢氧化钠溶液的量，mL；

　　　　V_i——试样的取样量，mL；

　　　　C_{NaOH}——氢氧化钠的摩尔质量的数值，mol/L。

③绘制塔底重相苯甲酸浓度随着萃取条件改变的曲线图。

五、液-液连续萃取现场记录表（见表3-8）

表3-8　液-液连续萃取现场记录表

小组名称：＿＿＿＿＿＿＿＿　　操作人：＿＿＿＿＿＿＿＿　　操作日期：＿＿＿＿＿＿＿＿

时间	压力		温度		液位					流量		
	缓冲罐压力/MPa	空气管道压力/kPa	轻相泵出口温度/℃	萃取泵出口温度/℃	轻相储罐液位/cm	重相储罐液位/cm	萃取相储罐液位/cm	萃余相储罐液位/cm	萃取塔塔顶分相液位/cm	轻相流量/(L/h)	重相流量/(L/h)	空气流量/(L/h)

六、实训考核要求

1. 现场考核

液-液连续萃取实训装置正常开工/停工步骤（各阀门在相应工况下的正确开度）（每人现场操作10min）。

（1）液-液连续萃取实训装置开工（含开工前检查）步骤。

（2）液-液连续萃取实训装置停工（含后续废液处理）步骤。

2. 实训结束后提交相关材料

（1）开工方案；

（2）原始数据记录；

（3）小组讨论纪要；

（4）工程实训报告（附工艺流程图）。

课程考核：考勤 10%，在实训基地的安全性、规范性和整洁性等现场综合表现 30%，理论考试成绩 20%，现场考核 20%，实训报告 20%。实训报告参考相关格式要求撰写。

实训现场要求：要求穿工作服，不得穿拖鞋、凉鞋、高跟鞋。现场不准吸烟。

七、安全生产技术

1. 异常现象及处理（见表 3-9）

表 3-9　装置异常现象及处理一览表

异 常 现 象	原 因 分 析	处 理 方 法
重相储罐中轻相含量高	轻相从塔底混入重相储罐	减小轻相流量、加大重相流量并减小采出量
轻相储罐中重相含量高	重相从塔底混入轻相储罐	减小重相流量、加大轻相流量并减小采出量
	重相由萃余分相罐内带入轻相储罐	及时将萃余分相罐内重相排入重相储罐
分相不清晰、溶液乳化、萃取塔液泛	进塔空气流量过大	减小空气流量
轻相、重相传质不好	进塔空气流量过小轻相加入量过大	加大空气流量，减小轻相加入量或增加重相加入量

2. 正常操作中的故障扰动（故障设置实训）

在萃取正常操作中，由教师给出隐蔽指令，通过不定时改变某些阀门、泵的工作状态来扰动萃取系统正常工作状态，模拟出实际萃取生产过程中的常见故障，学生根据各参数的变化情况、设备运行异常现象，分析故障原因，找出故障并动手排除故障，以提高学生对工艺流程的深化理解和实际动手能力。

（1）气泵跳闸：在萃取正常操作中，教师给出隐蔽指令，改变气泵的工作状态，学生通过观察萃取塔内液体流动状态、界面及液位等参数的变化情况，分析引起系统异常的原因并作处理，使系统恢复到正常操作状态。

（2）萃余分相罐液位失调：在萃取正常操作中，教师给出隐蔽指令，改变萃余分相罐的工作状态，学生通过观察萃取塔界面、液位及重相、轻相出料等参数的变化情况，分析引起系统异常的原因并作处理，使系统恢复到正常操作状态。

（3）空气进料管倒"U"进料误操作：在萃取正常操作中，教师给出隐蔽指令，改变萃取塔空气进口管阀的工作状态，学生通过观察萃取塔内流动状态、界面和液位等参数的变化情况，分析引起系统异常的原因并作处理，使系统恢复到正常操作状态。

（4）重相流量改变：在萃取正常操作中，教师给出隐蔽指令，改变重相泵出口阀的工作状态，学生通过观察萃取塔内流动状态、界面和液位等参数的变化情况，分析引起系统异常的原因并作处理，使系统恢复到正常操作状态。

（5）轻相流量改变：在萃取正常操作中，教师给出隐蔽指令，改变轻相泵出口阀的工作状态，学生通过观察萃取塔内流动状态、界面和液位等参数的变化情况，分析引起系统异常的原因并作处理，使系统恢复到正常操作状态。

八、附表

附表 I　装置仪表说明

C3000 仪表（A）

输入通道

通道序号	通道显示	位号	单位	信号类型	量程
第一通道	轻相泵出口温度	TI201	℃	4~20mA	0~100
第二通道	萃取泵出口温度	TI202	℃	4~20mA	0~100
第三通道	空气管压力	PI203	MPa	4~20mA	0~0.1

C3000 仪表（B）

输入通道

通道序号	通道显示	位号	单位	信号类型	量程
第一通道	原料流量	FI202	m³/h	4~20mA	0~60
第二通道	萃取剂流量	FI203	m³/h	4~20mA	0~60
第三通道	水流量	FI204	m³/h	4~20mA	0~60

输出通道

通道序号	通道显示	位号			
第一通道	原料流量控制	FIC202			
第二通道	萃取剂流量控制	FIC203			
第三通道	水流量控制	FIC204			

注：出厂前参数已设定好，无需重新进行设定。

附表 II　阀门编号对照表

序号	编号	设备阀门功能	序号	编号	设备阀门功能
1	V01	原料取样口	10	V10	轻相储罐回流阀
2	V02	缓冲罐入口阀	11	V11	萃余分相罐轻相出口阀
3	V03	缓冲罐排污阀	12	V12	萃余分相罐放空阀
4	V04	缓冲罐放空阀	13	V13	萃余分相罐底部出口阀（弯）
5	V05	缓冲罐气体出口阀	14	V14	萃余分相罐底部出口阀（直）
6	V06	萃余相罐排污阀	15	V15	萃余分相罐回流阀
7	V07	萃余相罐进口阀	16	V16	轻相泵进口阀
8	V08	轻相储罐排污阀	17	V17	萃余相储罐回流阀
9	V09	轻相储罐进口阀	18	V18	重相储罐放空阀

续表

序号	编号	设备阀门功能	序号	编号	设备阀门功能
19	V19	调节阀旁路阀	27	V27	萃余相罐取样阀
20	V20	萃取塔排污阀	28	V28	总进水阀
21	V21	调节阀切断阀	29	V29	萃余相储罐放空阀
22	V22	调节阀切断阀	30	V30	轻相储罐放空阀
23	V23	萃取相储罐排污阀	31	V31	萃取相储罐放空阀
24	V24	重相储罐排污阀	32	V32	电动调节阀
25	V25	重相泵进口阀	33	V33	缓冲罐压力表阀
26	V26	重相储罐回流阀	34	V34	萃取罐进口阀

第四章　延迟焦化中试生产工程实训

第一节　概述

一、延迟焦化技术简介

延迟焦化是一种石油二次加工技术，是指以贫氢的重质油为原料，在高温(约 500℃)进行深度的热裂化和缩合反应，生产富气、粗汽油、柴油、蜡油和焦炭的技术。它是目前世界渣油深度加工的主要方法之一，处理能力占渣油处理能力的三分之一。

所谓延迟是指将焦化油(原料油和循环油)经过加热炉加热迅速升温至焦化反应温度，在反应炉管内不生焦，而进入焦炭塔再进行焦化反应，故有延迟作用，称为延迟焦化技术。一般都是一炉(加热炉)二塔(焦化塔)或二炉四塔，加热炉连续进料，焦化塔轮换操作，是一种半连续工艺过程。原料油(减压渣油、催化油浆、重质油如脱油沥青、澄清油甚至污油)经加热炉加热至 495～505℃后快速进入焦炭塔，热原料油在焦炭塔内进行焦化反应，生成的轻质产物从顶部出来进入分馏塔，分馏出富气、粗汽油、柴油和重馏分油。重馏分油可以送去进一步加工(如作催化裂化、加氢裂化原料)也可以全部或部分循环回原料油系统。待焦炭陆续装满(留一定的空间)后，原料改进入另一焦炭塔，残留在焦炭塔中的焦炭以水力除焦卸出。焦炭塔恢复空塔后再进热原料。该过程焦炭的收率一般随原料油康氏残炭(CCR)的改变而变化，富气产量一般 10%(质量)左右(气体产率% = 7.8+0.144×CCR)，其余因循环比不同而异，但柴/汽比大于 1。

延迟焦化原料可以是重油、渣油、甚至是沥青。延迟焦化产物分为气体、汽油、柴油、蜡油和焦炭。对于国产渣油，其气体收率为 7.0%～10%，粗汽油收率为 8.2%～16.0%，柴油收率为 22.0%～28.7%，蜡油收率为 23.0%～33.0%，焦炭收率为 15.0%～24.6%，外甩油为 1.0%～3.0%。焦化汽油和焦化柴油是延迟焦化的主要产品，但其质量较差。焦化汽油的辛烷值很低，一般为 51～64(MON)，柴油的十六烷值较高，一般为 50～58。但两种油品的烯烃含量高，硫、氮、氧等杂质含量高，安定性差，只能作半成品或中间产品，经过精制处理后，才能作为汽油和柴油的调和组分。焦化蜡油由于硫、氮化合物、胶质、残炭等含量高，是二次加工的劣质蜡油，目前通常掺炼催化或加氢裂化作为原料。石油焦是延迟焦化过程的重要产品之一，根据质量不同可用作电极、冶金及燃料等。焦化气体经脱硫处理后可作为制氢原料或送燃料管网作燃料使用。

二、延迟焦化中试装置

1. 装置组成

延迟焦化减黏裂化及连续蒸馏中型试验装置由进料系统，加热系统，反应系统，油气回收系统，清焦系统，烧焦系统，系统压力控制系统等单元组成。

（1）进料系统由 2 个 50L 的重油罐，3 台高温齿轮泵（其中 1 台为循环泵），2 台 II 型平流泵，4 个电子秤等组成。

（2）加热系统由 1 个重油加热炉，2 个注气（水蒸汽）加热炉，1 个分馏塔进料加热炉以及加热盘管和水蒸汽发生器等组成。

（3）反应系统由 1 个焦炭塔，1 个减黏反应器等组成。

（4）油气回收系统由 1 个分馏塔，一级套管冷凝器，二级冷凝器，轻油和重油接收罐，冷阱，湿式流量计等组成。

（5）清焦系统由焦炭塔塔架，焦炭塔上、下法兰盖，龙门架，葫芦吊，弹簧秤，清焦铲，风炮等组成。

（6）烧炭系统由氮气，空气减压阀，质量流量计等组成。

（7）系统压力控制系统由系统压力测定，系统背压等组成。

（8）计算机控制系统由数据采集单元，软件控制单元等组成。实现各温度点的自动控制，压力和液位的检测和控制，流量跟踪以及安全保护等。

2. 技术参数

（1）焦炭塔：公称直径 200mm，长 1050mm；充焦量 24kg；设计温度 550℃，使用温度 490℃左右；设计压力 2.0MPa，最高使用压力 1.0MPa。

（2）减黏反应器：内径 70mm，长 825mm；空塔体积 3180mL；设计温度 500℃，最高使用温度 450℃；设计压力 1.6MPa，使用压力 1.0MPa。

（3）分馏塔：内径 80mm；最高使用温度 550℃；最高使用压力 0.6MPa。

（4）高温齿轮泵：流量分别为 0.3mL/r 和 1.2mL/r；最高使用温度 350℃。

（5）II 型平流泵：0.01～40.00mL/min。

（6）质量流量计：N_2 0～100L/min；空气 0～100L/min。

（7）原料电子秤：最大量程 90kg，精确至 5g。

（8）注水电子秤：最大量程 30kg，精确至 1g。

（9）循环热水泵：泵流量 10mL/min；最高使用温度 90℃。

（10）重油加热炉：最高使用温度 650℃。

（11）注水加热炉：最高使用温度 600℃。

第二节　实训内容

一、实训目标

（1）通过实训，加强、巩固对延迟焦化的理解。

（2）熟悉延迟焦化实验装置的结构，掌握迟焦化中试装置的操作规程。

（3）绘制延迟焦化中试装置的工艺流程，并熟悉各工艺参数控制要求。

（4）通过工程实训，提高学生工程实践能力和团队分工合作能力。

（5）掌握原料及焦化产品分析各条标准方法及产品质量管理能力。

二、实训内容

延迟焦化实训内容流程如图4-1所示。

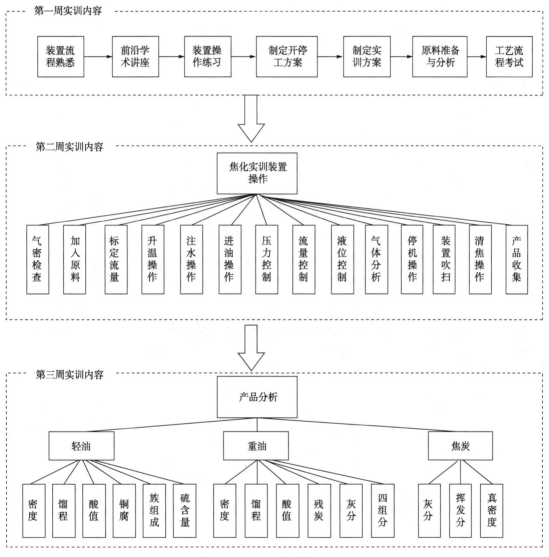

图4-1　延迟焦化实训内容流程图

三、工艺流程

延迟焦化中试装置工艺流程图如图4-2所示，实物图如图4-3所示。

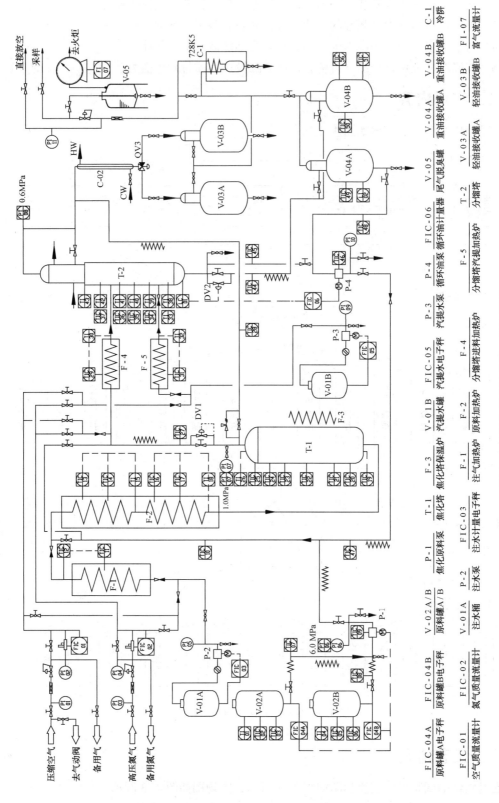

图4-2 延迟焦化中试装置工艺流程图

图 4-3　延迟焦化中试装置实物图

1. 原料系统流程

（1）单程延迟焦化试验。原料油加热到 120℃左右，经原料阀由原料泵（计算泵）抽出，经管路输送至原料加热炉前，与注水加热炉出来的高温水蒸汽混合后进入重油加热炉加热，控制加热炉的出口温度为 450~510℃之间，然后高温油气经转油线从焦炭塔底进入焦炭塔进行焦化反应，该过程控制焦炭塔的反应温度（塔顶 400℃左右，塔底 490℃左右）和塔顶压力；其生成油气进入蒸馏塔进行分馏，控制分馏塔塔底的温度为 330℃左右，并在塔的下部注入一定量的高温水蒸汽对重油进行汽提；来自分馏塔塔顶的物料经一级套管冷凝器（水冷），二级冷却器（水冷）冷却后，液体经气动阀进入轻油接收罐（A/B），气体进入三级冷阱（制冷剂冷却，下同）冷却后进一步回收 C4 等轻烃，不凝气经过湿法流量计（计量）及碱洗罐后送火炬燃烧；来自分馏塔塔底的重馏分油自动放油阀（与塔底液位计联控）排到重油接收罐中。

当装置运行平稳后开始装置的标定：计量新鲜进料量、轻烃以及轻油（汽油馏分，柴油馏分一级蜡油馏分）量、富气体积（分析组成）等。

待试验结束后，对回收的轻油进行蒸馏切割，分别得到汽油、柴油和蜡油馏分的收率，计算气体收率。

实验结束时，装置停电、停水。微开焦炭塔的保温炉；待焦炭塔自然冷却到 200℃左右后再完全打开焦炭塔保温炉；待焦炭塔的温度降低到 45℃以下后开始除焦。焦炭计量。

（2）掺炼循环油延迟焦化试验。焦化油料为新鲜原料和分馏塔塔底循环油，来自分馏塔底的循环油经循环泵输送到重油预热炉的入口与新鲜原料混合，计量循环油量（计算循环比）。其他操作同上。

（3）当进行灵活循环比延迟焦化试验时，来自分馏塔塔底的重油通过自动放油阀排到重油接收罐中，来自重油接收罐的重油通过循环泵把一定的循环油输送到重油加热炉入口与新鲜原料混合。其他操作同上。

2. 气路系统流程

（1）空气系统流程。通过空气压缩机出来的压缩空气，经三通管分两路：一路去气动阀（气动控制轻油罐 A/B 切换）；另一路经总压力表、减压阀、空气质量流量计（旁路阀），经二级三通分三路通过相关阀门分别进入注水加热炉、分馏塔进料加热炉、汽提水加热炉。压缩空气主要用于装置开工前的试密和停工后装置管路积炭清除。

（2）氮气系统流程。来自氮气钢瓶的高压氮气，经总压力表、减压阀、氮气质量流量计（旁路阀），经二级三通分三路通过相关阀门分别进入注水加热炉、分馏塔进料加热炉、汽提水加热炉。氮气主要用于装置的管路吹扫。

3. 水路系统流程

（1）注水系统流程。来自注水桶的纯水通过恒流计量泵、压力测量表、阀，进入注水加热炉，受热变成水蒸汽后与原料油混合进入原料加热炉、焦炭塔、分馏塔，最后与汽提水合并与轻馏分一起进入轻油回收罐。注水系统主要用于提升原料流速，防止原料在加热炉中反应结焦。

（2）汽提水系统流程。来自汽提水的纯水通过恒流计量泵、压力测量表、阀，进入汽提水加热炉，受热变成水蒸汽后，从分馏塔下部进入分馏塔对重油进行汽提，最后与轻馏分一起进入轻油回收罐。汽提水系统主要用于提馏段分离，防止轻馏分夹带于重油馏分中。

（3）冷却水系统。装置的冷却用水分三路：一路为分馏塔顶冷却水，一路为分馏塔顶油气冷却水，一路为冷阱冷却水。主要作用分别为：实现精馏段分离作用；调节轻油馏分的馏出温度；回收轻油，回收 C4 组分。

中试装置与工业装置的工艺区别：工业延迟焦化装置主要加热部件为焦化炉。中试装置由于设备小热量散失快，管路小流体流动阻力大，容易结焦堵塞管路。所以中试装置要在焦化塔中补充加热，在焦化塔至分馏塔间增加分馏塔进料加热炉来弥补过程中热量的大量损失。

四、实训操作

1. 开车前的准备

为保证试验的平稳和顺利进行，在开工前必须充分做好以下准备工作：

（1）由于该中试装置可实现多种试验目的，故在开工之前应详细了解本次试验的目的，根据试验目的进行相应的操作，即哪些阀门应处于"关闭"状态，哪些阀门应处于"打开"状态。

（2）在每次焦化试验前，先对焦炭塔进行气密试验，气密介质为氮气或空气。其气密试压依试验压力而定，若试验压力为 0.2MPa 左右，则气密压力为 0.4MPa 左右，泄漏率以不大于 0.005MPa/h 为宜。

（3）焦炭塔气密合格后卸压，然后用葫芦吊装焦炭塔于焦炭塔保温炉中的固定支架上，合上焦炭塔的保温炉，连接与焦炭塔相接的管线，通氮气或空气对重新上好的管线和接头进行气密试验。试漏介质为肥皂水，分别试压 0.2MPa、0.4MPa、0.6MPa 和 1.0MPa，所有接头不漏，整个装置（包括容器和管线）的泄露率不大于 0.005MPa/h 为宜。气密合格后，用规整保温材料及时对高温管线等进行保温处理。

（4）若气密的介质为空气，应对装置进行氮气置换处理。注意在用氮气置换空气时排气应走旁路，避免气体从湿式流量计快速排出（放空），一方面避免试验时富气计量不准（即水封水被吹走），同时防止瞬间卸压过快引起的湿式流量计损坏（也可以使用高温水蒸汽进行置换空气）。

（5）试验前，准备好所需的原料油、蒸馏水、氮气以及生成油接收容器、气体采样器及其他试验用品等。

（6）试验前，检验油泵和水泵是否上量起压，若不正常，应及时检修，使油泵和水泵处于待用状态。

（7）试验前，检查湿式流量计放置是否水平，内装水量是否到位，排气阀是否打开；冷阱是否能正常运行；热水循环器是否正常运行等。

总之，使所有设备均处于完好待用状态。

（8）操作人员检查工艺流程，使流程中的每个阀门处于相应"打开"或"关闭"状态。其中打开油泵入口的进油阀、关闭从油泵出口至原料加热炉间的阀门、打开油泵出口的放空阀（出口有容器接油）；水泵前后的阀门操作同油泵。

相应试验的二级冷凝及接收罐投用 1 个，重油接收罐投用 1 个，冷阱投用，使相应的阀门处于"打开"或"关闭"状态。

（9）操作人员检查控制系统，确保各温度、压力、计量（油量、水量、气量）液位等控制回路可实现正常的监测和控制。操作人员检查电路和各加热动力线及测温点接头是否标识相符，无误后方可使用，不相符时应及时纠正。

注意：加热炉有开启炉，每个温度控制点均有加热电源，它们在现场和仪表端子上均有标记，不可接错。

（10）工艺操作人员必须熟悉装置的工艺流程、设备及控制系统的操作，注意安全、避免烫伤；同时检查现场的灭火器材，熟悉各种灭火器材的使用；处理试验过程中出现的各种简易事故和突发性事故等。

（11）开工前工艺操作人员要及时把本次试验所用的原料油、试验目的和工艺条件等告知所有操作人员，使人人做到心中有数。

2. 装置开工及正常操作

（1）根据试验目的选择相应的加热炉等设备，装置开始升温。

原料罐、原料油泵前后的保温升至 80~120℃；重油加热炉各温度控制点均升至 360~380℃左右；水蒸汽加热炉升至 550℃左右；焦炭塔的保温炉升至 400~500℃，一般控制焦炭塔塔顶到塔底的各温度控制点分别为 400℃左右、410℃左右、440℃左右、460℃左右、485℃左右、490℃左右；分馏塔的进料即油气加热炉升向 360℃左右；分馏塔的汽提蒸汽加热炉依汽提水量的大小（10~30g/min）升向 600~400℃；分馏塔的塔底到塔顶分别升向 330℃左右、310℃左右、295℃左右、280℃左右、270℃左右（依实验目的确定，进油后应及时调整）；两个重油接收罐及其入口管线的保温升向 40~120℃；焦炭塔塔顶出口管线至油气加热炉入口管线及其旁路管线（即安全放空线：焦炭塔顶出口管线至两个重油接收罐管线等）的保温升向 50~70℃；循环油泵及其前后的保温升向 50~100℃。

上述升温过程可采用单点手动操作，即在计算机上设定每个温度控制点要升向的目标值，然后选择手动操作方式，点击"确定"即可。这时每个温度控制点会快速升温，从而缩短升温时间。当每个温度控制点的温度与目标值接近时，计算机会把手动操作模式自动改为自动控制方式。

上述操作也可采用已保存的升温方案进行操作，即在计算机的屏幕上选择相应的"实验方案"对话框，然后点击"确定"即可。这时观察各控制点是否有输出，如有遗漏的控制点应及时补上。这时每个温度控制点会自动快速升温。

（2）点击分馏塔塔底液位对话框，选择测量操作模式，点击确定；然后点击液位控制阀，选择手动操作模式，点击确定。改变阀位定值，阀位即跟着变动。在计算机屏幕上，控制阀为1，使分馏蒸塔塔底的放油阀处于关闭状态。

（3）当水蒸汽加热炉，或重油加热炉，或焦炭塔的保温炉，或油气加热炉，或分馏塔的温度等升到200℃左右时，启动相应的水泵，自动控制进水量为5~35g/min。一般重油加热炉的预注水量为2~10g/min；分馏塔塔下的蒸汽量为10~35g/min。

注意：在进行上述操作时，水泵出口的压力与泵设有连锁停泵功能，为了防止把压力表打坏，开泵前应选择泵出口压力对话框，设定一级报警值和二级报警值。二级报警值为停泵的压力，其值一般设定高出试验时系统的压力0.2~0.5MPa。二级报警值选定后，点击确定。这时泵确定，当泵的出口压力超过二级报警值时，泵会自动停运。当水泵正常进水后，应根据试验情况（如炉管有结焦现象，阻力较大）及时修改一级报警值和二级报警值。

（4）为了保证进油后从焦炭塔塔顶到重油和轻油接收罐之间的管线通畅，装置开工进水后应对如下管线进行吹扫：

①关闭分馏塔塔底的自动放油阀和旁路阀，使水蒸汽从分馏塔塔顶排出，吹扫塔顶至轻油接收罐之间的管线。

②在完成①操作后，关闭分馏塔至轻油接收罐之间管线上的手阀，对连接分馏塔塔底至重油接收罐之间的所有管线进行吹扫。

③在完成②操作后，关闭焦炭塔塔顶至油气加热炉管线上的截止阀，打开安全旁路防空阀，使水蒸汽由焦炭塔塔顶直接进入轻油二级冷凝器及接收罐，对安全旁路进行吹扫。

④在上述工作完成后，使所有阀门处于正常的开工进油状态。

（5）打开冷却水总阀，使分馏塔塔顶出口管线一级套管冷凝器、二级冷凝器、分馏塔塔顶回流热水冷却器以及冷阱等通上水。启动冷阱，若冷阱中乙醇不足，则补足乙醇。

（6）完成装置有关管线吹扫后，系统用氮气升压。先用氮气旁路阀对系统升压，升压到操作压力后改为质量流量计进气，一般控制氮气的流量为1~3L/min；同时调节背压阀，使系统的压力达到并维持到设定的操作压力值。

（7）当各温度控制点升温到设定的目标温度以及焦炭塔塔顶的压力基本稳定到设定的操作压力后，准备进油。

进油准备过程主要是对进料管线（油罐至泵头之间的管线）进行排气处理，过程如下：

选择一台进料泵，打开一个原料的进料阀，打开油泵出口的放空阀（这时系统进油阀处于关闭状态），然后手盘泵轴，泵轴可灵活转动后，这时才能准备启动油泵。

在计算机屏幕上点击油泵对话框，使油泵处于开启状态；然后点击进料（对应电子秤）的对话框，设定进油量，选择自动操作，这时即可自动进油。也可选择手动操作，这时给定输出量（即泵的转速），点击确定，即可进油。一般选择自动进油，以防止进油量减少引起炉管结焦。不论自动或手动进油，当在计算机上操作后，还要到现场按控制仪（变频器）上的运行（"RUN"）按钮。

当进料量稳定以及排气完成后，先停泵（即按控制器上的"STOP"按钮），同时关闭泵出口的放空阀。

（8）装置进油。打开泵出口的阀门后，再次启动进料泵。系统进料后，若实际进料量与跟踪值有区别，适当修改泵的操作参数（即输出量），同时选择"同步"，点击确定，这时进料泵会自动跟踪，使进料量达到设定的进料量。

同时点击"进油"对话框，这时计算机会记录原料罐的重量、水罐重量以及湿式流量计等的开工初始值。为防止意外，同时人工把上述数据记录在操作记录本上。

进料量完全跟踪后，当该原料罐油样不足时，进料泵改为手动操作模式；这时打开另一个原料罐的出口阀，当新切换的原料罐重量减少后，关闭原来的原料罐，同时进料泵由手动操作改为自动操作。重复上述过程，使两个原料罐可任意切换，均能实现自动跟踪进料。

注意：在进行上述操作时，泵出口的压力与泵同样设有连锁停泵功能。为了防止把压力表打坏，开泵前应选择泵出口压力对话框，其设定方法同上述的水泵。

一级报警一般设定高出试验时系统的压力 0.05MPa 左右；二级报警一般设定高出试验时系统的压力 0.1MPa 左右。选定后，点击确定。这时泵启动，当泵的出口压力超过二级报警值时，泵会自动停运。

注意：进油后，泵出口压力会不断上升，这时应根据实际情况及时修改一级报警压力值和二级报警压力值。

在修改油泵出口压力的一级报警压力值和二级报警压力值时，要与水泵出口压力的一级报警压力值和二级报警压力值相匹配，以防止重油窜入水蒸汽发生器。

注意在装置进油时，一定要有两人操作，一人操作计算机，另一人在现场看到泵轴转动后及时打开泵出口到加热炉入口之间的进料阀，以防止系统压力过高使蒸汽窜到原料罐，使重油溢出。

装置进料后，注意观察进料量，如进料量跟踪不上设定值，应及时修改输出量，并先后点击"同步"和"确定"。如进料量确实跟踪不上设定值，应及时停止进料，查找原因。

（9）系统正常进料后，重油加热炉的预热段以 80~120℃/h 的升温速度升向 450~500℃；其加热段以 100~150℃/h 的升温速度升向 450~580℃（根据炉出口油气的温度及时调整）；根据原料油的性质和试验条件控制加热炉的出口温度为 450~500℃。

（10）系统正常进料后，密切注意进料泵的出口压力，若压力升高过快时，应及时降低注水量（刚开工时因重油的温度低、黏度大，故采用相对较高的注水量）。当进料泵的出口压力温度维持在 0.3~0.6MPa 时，控制注水量到设定的操作值。

工业装置的注水量一般占进料量的 1.5%~2.5%，冷油流速在 2.0m/s 以上，油气（含水蒸汽）出口线速在 20m/s 以上。

试验装置的冷油流速较低。一般在 0.05m/s 以下，为了提高炉管内的油气线速，减缓炉管结焦，试验装置一般采用较大的注水量。根据原料油的性质和进油量，试验装置的注水量一般较大，为 100~240g/h，一般占进料量的 1.5%~7.0%。

（11）调节分馏塔塔顶冷却热水量的大小，以控制塔顶油气的温度。当冷却热水量较大时，回流量相对加大，在其他条件不变的情况下使得塔顶油气的温度相对较低，即降低了轻馏分油与重馏分油的切割点，使得从塔顶流出的轻馏分油收率降低，但轻馏分油的 95%

点与重馏分的 5%点重叠度变窄；反之重叠度变宽。

(12) 点击分馏塔塔底液位对话框，设定压差液位计为 $200 \sim 220mmH_2O$，选择自动操作模式，点击"确定"，这时可通过自动放油阀自动控制闪蒸塔塔底的液位。

当进行循环操作时，关重油接收罐入口的截止阀，点击"自动放油阀"处于手动状态，并把"自动放油阀"的开度开到 1 左右；这时准备启动循环油泵，方法同(8)。设定循环油泵一定量的最低转速，使压差液位计保持在 $210mmH_2O$ 左右。

(13) 当装置平稳进油后，逐步减少氮气的进量，1h 左右停止进氮气(氮气也可以用水蒸汽替代)。关闭相应的阀门。

(14) 当实现循环油回炼，且装置平稳(分馏塔塔底液位稳定即循环泵的转速稳定、分馏塔塔顶油气温度稳定、重油加热炉的出口的油气温度稳定等)运行 2h 左右后，装置准备标定(一般标定试验在正常开工 6h 以后进行。原料油、注水、汽提水每 10min 标定一次，以截屏数据计算)。

(15) 标定时，点击"标定"对话框，这时计算机会记录原料罐的重量、水罐重量以及湿式流量计等的标定初始值。为防止意外，同时人工把上述数据以及开始时间记录在本上，以备计算物料平衡；同时切换轻油(和重油)接收罐，并对气体进行采样分析，一般每间隔 $1 \sim 2h$ 采样一次，每次试验共采样 3 次左右。若用气袋采样，气袋至少置换三次。

切换前的接收罐应及时放油并称重计量，作为备用。

(16) 轻油接收罐互为备用。当一个轻油接收罐的压差液位计指示到 $500mmH_2O$ 左右时，应切换到另一接收罐，或轻油接收罐切换根据进料量一般 $3 \sim 5h$ 切换一次。

由于来自分馏塔塔顶的油气经一级冷凝和二级冷却后轻油带水，故放油时先把水分离出来，放出的轻油称重并记录。注意：当最后放出的水带油时，应回收轻油(通过分液漏斗)。

当进行单程延迟焦化试验或灵活循环比延迟焦化试验时，重油接收罐也投用，其切换方法同轻油接收罐。但切换后应及时把备用罐中的重馏分油放干净。

三级冷凝(冷阱)接收罐应根据试验情况及时放油(轻烃)并称重、记录。

注意：接收罐放油时，速度不宜太快，当放出气体时马上关阀，以避免装置的操作压力波动。

(17) 根据试验情况确定标定时间，当结束标定时点击"结束标定"对话框，并及时记录原料罐重量、水罐重量以及湿式流量计等结束标定的读数，同时切换轻油接收罐(和重油接收罐)。

(18) 当正在运行的原料罐重量小于 32kg 时，点击进料对话框，选择手动操作，点击"确定"，这时进料泵以点击时泵的转速转动；然后打开另一原料罐的进料阀，从两个原料罐同时进油。

注意观察新原料罐重量的变化，当新原料罐中的进料稳定后关闭原来运行原料罐的进料阀，并在计算机屏幕上选择原料罐，同时点击进料对话框，选择"同步"操作，点击"确定"，这时进料泵以原有的进料量进料。

(19) 当实验时间达到要求的时间时准备停工。停止油泵运行后，点击"停工"对话框，并及时记录原料罐重量、水罐重量以及湿式流量计等结束实验时的读数。

及时关闭进料泵的入口进油阀以及泵的出口进油阀，同时打开泵出口的放空阀。

（20）小吹汽和大吹汽：

停止进油后，及时小吹汽和大吹汽。

适量加大注水量（小吹气），注水量一般调节到 150~300g/h，维持操作温度和压力大约维持 0.5~1.0h。

然后再次加大注水量（大吹），注水量调节到 400~800g/h，维持操作温度和压力大约维持 1~3h（注：实验装置停止进油后的小吹气和大吹气的量和时间可参考工业装置的生产数据）。

（21）停止进油后，及时对原料罐以及泵入口和出口管线上的保温及加热控制点进行断电处理。

（22）当要结束大吹时，停水泵，关闭水泵前后的进水阀和出口阀，打开放空阀。

（23）停水后，向系统适当吹入氮气，以保持炉管通气，便于以后对炉管进行烧焦处理。

（24）对重油加热炉、注水加热炉、管线保温、焦炭塔保温炉、生成油气加热炉、分馏塔保温炉、汽提水蒸汽加热炉等进行停电处理。

（25）为了使焦炭塔快速降温，这时可适度打开可移动焦炭塔的保温炉，开缝不超过 10cm。在打开焦炭塔保温炉之前，先把焦炭塔进口管线上的保温管线拆下。

保温炉打开后，及时把与焦炭塔有接触的信号线上带的电热偶拔下，防止高温对信号线的烘烤。

当焦炭塔的温度降到 200℃ 左右时，把焦炭塔的保温炉完全打开，以加快焦炭塔的降温。

当焦炭塔的温度降到 100℃ 以下时，用风扇强制冷却焦炭塔，进一步加快焦炭塔的降温，使焦炭塔降到 40℃ 以下。

上述过程模拟工业装置上用冷水急冷焦炭过程。

在进行上述步骤时，禁止在高温的情况下完全打开焦炭塔的保温炉，绝对禁止在较高温度下用风扇吹焦炭塔。主要是防止焦炭塔的保温炉发生变形。

（26）停止分馏塔塔头、一级套管冷凝器、二级冷却器及冷陷等的供水，冷陷和恒温热水器停电。

（27）分馏塔塔底的重油采用手动方式（在计算机上实现）排到重油接收器容器中。但在此之前，若重油接收罐有标定期间收集的重油应及时排出并称重计量。结束试验后，若重油接收罐中有非标定期间收集的重油，也应排出并称重计量。这时对重油接收罐的保温进行停电处理。

（28）分离轻油接收罐中的轻油和水。首先对标定期间收集的轻油进行称重计量，对非标定期间收集的轻油同样进行称量计量。有条件时，把轻油及时存放在冰柜中。

（29）把三级冷却器（冷阱）收集下来的轻烃排到密封容器中，称量计量后放到冰柜中。

（30）记录原料罐的重量、湿气流量计的读数，以及水罐的重量等，以待试验结束后进行物料平衡计算和其他计算。

（31）当焦炭塔冷却到 40℃ 以下时，拆下焦炭塔的进料管线和出口管线；用手动葫芦吊起焦炭塔，把焦炭塔移动到除焦专用支架上。打开焦炭塔的上下法兰，除焦，焦炭计量。

对于大焦炭塔的除焦，除焦方法同上，只是焦炭塔在原位进行除焦。

（32）焦炭塔清完焦后，及时对焦炭塔进行安装和气密性检测，以备下次试验。

3. 烧焦处理

该套装置配有烧焦系统，可对重油加热炉管、分馏塔、进料加热炉管、焦化塔以及减黏反应器进行焦化处理。

重油加热炉管的烧焦处理：每次实验结束后应对重油加热炉管进行烧焦处理，以防止下次实验时因炉管结焦引起的压降上升过快迫使试验无法进行。

重油加热炉管的烧焦操作程序为：拆下焦化塔的入口管线，入口管线用石棉布包住（防止炉管中残余的重油飞溅），然后重油加热炉的各温度控制点以手动的操作方式升温到450℃左右，这时通过水蒸汽加热炉向重油加热炉管通入适量的空气和氮气（其比例为1∶2），气体总流量不宜过大，一般为不大于3L/min；然后以5~10℃/h的升温速度把炉膛温度缓慢升至500℃；稳定4~6h后，再以同样的升温速度升到550℃左右后降温，这时加热炉停止加热；当炉膛温度降低到400℃以下时，可适当加大进气量，吹扫管线中留存的灰分等机械杂质，然后再停止进气，即关闭重量流量计以及空气总压阀、氮气总压阀和氮气减压阀等。

焦化塔的烧焦处理：当焦化塔的内壁结焦较厚且影响到除焦套管筒的安装时，应先用人工清除部分焦层，然后安装好焦化塔的上下法兰并气密。

先把焦炭塔吊在其保温炉的支撑架上，然后管线气密，基本合格再合上保温炉。连接焦炭塔的入口管线，插好热电偶和动力线。

烧焦尾气通过分馏塔、一级套管冷凝器和二级套管冷凝器（给冷却水）、轻油接收罐直接放空。

做完准备工作后，焦炭塔保温炉的各温度控制点以手动方式向420℃升温。当焦炭塔的温度升到420℃后，通入适量空气和氮气（其比例1∶2），总流量可适当提高到6L/min左右。混合气体经水蒸汽加热炉、重油加热炉以及入塔转油线进入焦炭塔。这时焦炭塔以5℃/h的升温速度缓慢升温到500℃左右进行恒温烧焦。烧焦时间可根据塔壁上的结焦情况而定，一般恒温烧焦10h左右结束烧焦。这时先关闭加热炉各控制点的电源，再关闭重量流量计以及空气总压阀、氮气总压阀和氮气总压阀等。

五、数据记录及处理

1. 延迟焦化试验物料平衡（见表 4-1）

表 4-1　延迟焦化试验物料平衡

项　　目	重量/kg	收率/m%
进料		—
焦化气[1]		
冷阱油		
塔顶油		
塔底油		
焦炭[2]		

续表

项　目	重量/kg	收率/m%
总收		
损失		
油气		
液收		

注：1. 气体重量计算方法：采集裂解气样本进行气相色谱组成分析，由各组分相对分子质量和组成计算出气体平均相对分子质量，进而求出气体平均密度，再根据流量计的体积算出气体质量及质量分数。

2. 焦炭重量计算：先称出实验前焦炭塔的重量，实验结束后，拆下焦炭塔称出焦炭和塔的总重量，两者差值即为本次实验的焦炭重量。

2. 原料油、反应进料物性分析（见表4-2）

每次试验前测试进料的密度、残炭、黏度和灰分等物性。

表4-2　原料油、反应进料物性分析汇总表

项　目	数　据	分　析　方　法
密度（20℃）/（g/cm³）		
黏度（60℃，80℃）/（mm²/s）		
酸值/（mgKOH/g）		
残炭/m%		
灰分/m%		
凝点/℃		

3. 产物分布（见表4-3）

用延迟焦化-连续蒸馏一体化中型试验装置进行延迟焦化试验，反应产物为气体、冷阱冷凝液、塔顶油、塔底油、焦炭。

将塔顶油、塔底油进行实验室蒸馏切割，分出焦化汽油、焦化柴油、重油，分别做产物分布和性质分析。

表4-3　延迟焦化试验产物分布

项　目	重量/kg	收率/m%
焦化气		
汽油（~180℃）		
柴油（180~360℃）		
重油（>360℃部分）		
焦炭		
合计		

4. 产品性质分析

（1）气体组成分析。

分析裂解气体的组成主要是为了了解气体的组成，根据各组分含量和相对分子质量求

算裂解气体的平均密度，再根据气体流量计显示的体积求出气体产量和占焦化反应总产量的质量分数。为了排除开工前期不稳定因素干扰，在试验进入稳态操作后运行 1h、3h、5h 各取一次样进行气体色谱分析，取三次样本的平均值为分析结果。气体样本的分析项目详见表4-4。

表4-4　试验气体组成

实验日期：_____　　　取样日期：_____　　　检测日期：_____

组　分	含量/%				组　分	含量/%			
甲烷	1h	3h	5h	平均	顺丁烯	1h	3h	5h	平均
乙烷					异戊烷				
乙烯					正戊烷				
丙烷					1，3-丁二烯				
丙烯					O_2				
异丁烷					N_2				
反丁烯					CO_2				
正丁烯					CO				
异丁烯					H_2				

（2）汽油、柴油、重油物性分析。

将塔顶轻油和重油混合后经实沸点切割分离得到的汽油（≤180℃）馏分，按表4-5要求对汽油项目进行分析。分离得到的柴油（>180℃）馏分，以及将塔底油经减压蒸馏分离得到的柴油（≤360℃）馏分按比例调配出柴油，按表4-6要求对柴油项目进行分析。

将塔底油经减压蒸馏分离得到的釜底油（>360℃部分），按表4-7要求对重油项目进行分析。

表4-5　汽油馏分的基本物性分析

实验日期：_____　　　取样日期：_____　　　检测日期：_____

项　　目	数　　据	分 析 方 法
密度（20℃）/（g/cm³）		GB/T 1884
雷德蒸气压/kPa		GB/T 8017
馏程/℃		GB/T 6536
初馏点		
10%		
20%		
30%		
40%		
50%		
60%		
70%		

续表

项　目	数　据	分 析 方 法
80%		
90%		
终馏点		
R_{max}/mL		
残留量/mL		
损失量/mL		
酸度/（mgKOH/100mL）		GB/T 264
硫含量/（mg/kg）		紫外荧光法
芳烃含量/（mg/kg）		PONA 分析
苯含量/（mg/kg）		PONA 分析
烯烃含量/（mg/kg）		PONA 分析

表 4-6　柴油馏分的基本物性分析

实验日期：_____　　取样日期：_____　　检测日期：_____

项　目	数　据	分 析 方 法
密度（20℃）/（g/cm³）		GB/T 1884
馏程/℃		GB/T 6536
初馏点		
10%		
20%		
30%		
40%		
50%		
60%		
70%		
80%		
90%		
终馏点		
R_{max}/mL		
残留量/mL		
损失量/mL		
黏度（20℃）/（mm²/s）		GB/T 11137
黏度（40℃）/（mm²/s）		GB/T 11137
凝点/℃		GB/T 510
10%残炭/m%		SH/T 0170

表 4-7　重油馏分的基本物性分析

实验日期：_____　　取样日期：_____　　检测日期：_____

项　　目	数　　据	分析方法
密度（20℃）/（g/cm³）		GB/T 1884
酸值/（mgKOH/g）		GB/T 264
黏度（60℃）/（mm²/s）		GB/T 11137
黏度（80℃）/（mm²/s）		GB/T 11137
凝点/℃		GB/T 510
残炭/m%		SH/T 0170
灰分/m%		GB/T 508
四组分		
饱和烃/m%		
芳香烃/m%		
胶质/m%		
沥青质/m%		

（3）焦炭物性分析。

清焦前对焦炭塔拍照，清出焦炭后选取 2~3 块焦炭拍照，测试分析，见表 4-8。

表 4-8　焦炭的基本物性分析

实验日期：_____　　取样日期：_____　　检测日期：_____

项　　目	数　　据	分析方法
灰分/m%		SH/T 0029
挥发分/m%		SH/T 0026
视密度（20℃）/（g/mL）		
真密度（20℃）/（g/mL）		SH/T 0033

六、实训考核要求

（1）开工前，每个小组长都要提交一份实验方案（或开停工方案），电子版。

（2）提交原始数据记录本，各小组一本，由小组长负责整理电子版，并提交原始记录电子版和小组实训报告。

（3）提交工程实训报告，一个组一本，提交电子版，流程图必须提交 CAD/或立体图原始文件。

（4）过程必须有图片，大型仪器必须有厂家、型号或图片，自建仪器必须有图，且手动画好装置图。

（5）负责填好仪器领用登记，以小组为单位。

（6）考核、考勤，实验数据的准确性和实训报告的规范性，实训报告参考毕业论文格式撰写，实训材料见表4-9。

表4-9　实训材料要求

实 训 材 料	负 责 人
1. 工程实训日志及原始数据记录本	各小组长
2. 实验方案或开停工方案	各小组长
3. 填写仪器药品领用和归还本	各小组长/组长
4. 实训报告电子版和打印版(包括工艺流程图)	组长/副组长
5. 讨论纪要	全体人员

（7）课程考核：考勤10%，在实训基地的安全性、规范性和整洁性等现场综合表现30%，理论考试成绩20%，现场流程及操作考核20%，实训报告20%。实训报告参考相关格式要求撰写。

实训现场要求：要求穿工作服，外操上岗配戴安全帽、防护手套。不得穿拖鞋、凉鞋、高跟鞋。现场不准吸烟。

七、思考题

（1）什么是延迟焦化？

（2）延迟焦化的特点是什么？

（3）延迟焦化装置的工作过程有哪些？

（4）焦化反应的主要类型有哪些？

（5）如何启动原料泵并设定转速？

（6）如何标定进料流量？

（7）如何启动注水泵，并将注水量设为5g/min？

（8）将加热炉预热段上段温度升温至400℃的步骤有哪些？

（9）将焦炭塔下段升温至500℃的步骤有哪些？

（10）将分馏塔底升温至300℃的步骤有哪些？

（11）如何清洗原料罐和加入原料？

（12）如何启动和停止装置？（包括电源开关和装置开关的位置）

（13）如何启动电脑与装置的通讯，并控制装置？

（14）如何截屏和保存实时图片？

（15）如何调节进料流量？

（16）如何启动汽提水泵，并将注水量设为10g/min？

（17）将加热炉预热段下段升温至500℃的步骤有哪些？

（18）如何控制焦炭塔顶压力为170kPa？

（19）如何控制分馏塔顶压力为30kPa？

（20）将焦炭塔上中段升温至430℃的步骤有哪些？

（21）如何开启冷凝水和调节流量？

（22）如何设置汽提蒸汽加热炉的温度为 400℃？

（23）如何停止原料罐的升温？装置如何停止升温？

（24）重油加热炉管烧焦的操作步骤有哪些？

（25）如何吹扫原料进料管？

（26）焦炭塔拆卸和清焦的步骤有哪些？

第五章　润滑油调和及分析工程实训

第一节　概述

一、润滑油简介

  润滑油属于石油产品的一种，品种牌号繁多，使用广泛，与汽车工业、机械制造、交通运输等行业的发展密切相关，世界各国都非常重视润滑油的研制与生产。润滑油的作用在于：①降低摩擦，减少磨损；②冷却作用；③防锈作用；④传递动力；⑤密封作用；⑥减震作用；⑦清净作用。润滑油起着润滑剂的作用，在相对运动的两个接触表面之间加入润滑剂，从而使两摩擦面之间形成润滑膜，将直接接触的表面分隔开来，变干摩擦为润滑剂分子间的内摩擦。

  润滑油通常由两部分组成，一部分是决定润滑油基本属性的基础油；另一部分是添加剂，其不仅能提高基础油的性能，还能赋予润滑油一种新的特殊性能。通常作为润滑油基础油的有矿物油和合成油，矿物油原油为原料，经过常减压蒸馏、脱沥青、脱蜡、白土精制等加工工艺过程而制得；合成油是将有机低分子烯烃或化工原料，通过有机合成工艺方法获得的基础油。合成油在性能上较矿物油有更好的黏温性、热安定性、低温性能及润滑性。添加剂则是润滑油的精髓，合理的添加剂，不仅能改善基础油原有的性能，还能赋予新的特殊性能。常用的润滑油添加剂有：抗氧化剂、抗磨剂、油性剂、极压剂、金属钝化剂、清净分散剂、抗泡沫剂、破乳化剂、黏度指数改进剂等。润滑油除了根据基础油的组成分为矿物润滑油和合成润滑油，还有多种分类方式。根据油品的形态可分为润滑油和润滑脂；根据油品使用场合可分为内燃机油、齿轮油、液压油、热传导油、金属加工用润滑油、防腐防诱油、电器绝缘用油、压缩机油及汽轮机油等。

二、润滑油调和的目的和意义

  润滑油调和的目的是通过调整润滑油的黏度、黏度指数、倾点、密度等指标，同时加入添加剂，使产品指标符合质量指标。

  近些年，国内外经济技术高速发展，润滑油产品也快速升级换代。这就需要企业更好地掌握润滑油的生产工艺和技术，不断推陈出新，生产出优良产品。

  所有的石油产品都是互溶的，可以按任意比例调和。润滑油调和就是将性质相近的各种基础油组分按规定比例通过一定的方法利用一定的设备使它们均匀混合，从而生产出一种新规格润滑油的生产过程。而在此过程中选用什么方法、什么设备才能使调和效果更好，也显得尤为重要。在润滑油的调和过程中往往还需要加入某种或某些添加剂以改善润滑油的特定性能。调和的目的是为了能够调整润滑油品种，改善润滑油质量，最终得到所需的润滑油。

三、润滑油调和工艺简介

调和是润滑油制备过程的最后一道重要工序。按照制定的配方工艺，将润滑油基础油组分和添加剂按比例、按顺序加入调和容器，用机械搅拌或压缩空气搅拌、泵抽送循环、管道静态混合等方法调和均匀，达到成规定的质量指标。

润滑油调和工艺原则上分为两大类，即管道调和工艺和罐式调和工艺。

管道调和：特点是基础油和添加剂同时泵入管线中，然后利用静态混合器在管道进行混合后进入成品油罐储存。根据控制方案，它又分为比例定量调和、质量在线监测方案和质量在线仪表闭环控制方案两种。

罐式调和：特点是按工艺要求，在适宜的温度和一定的混合时间下，先调整油品的黏度，使其达到调前黏度，后期还要考虑加入添加剂后黏度的增减，再按顺序加入添加剂进行调和。根据调和动力源，它又分为空气搅拌调和、上立式机械搅拌调和、侧向式机械搅拌调和、机泵管线循环调和、机泵喷嘴循环调和、机泵静态混合器循环调和 6 种。

两种工艺比较：管道调和工艺混合效果好、效率高、易控制，油品一次合格率高，但投资也偏高，一般适用于品种较少、一次性批量较大的油品。罐式调和工艺适应性强、灵活方便，投资伸缩性大，一般适用于品种多、批量小的油品调和，故在小型润滑油调和厂或小批量调和中多选用此工艺。

四、润滑油调和方式

润滑油调和方式分为间歇调和与连续调和。

1. 间歇调和

（1）机械搅拌调和。

被调和物料在搅拌器的作用下形成主体对流和涡流扩散传质、分子扩散传质，使全部物料性质达到均一。罐内物料在搅拌器转动时产生两个方向的运动：一是沿搅拌器的轴线方向的向前运动，当受到罐壁或罐底的阻挡时，改变其运动方向，经多次变向后，最终形成近似圆周的循环流动。二是沿搅拌器桨叶的旋转方向形成的圆周运动，使物料翻滚，最终达到混合均匀的目的。

（2）泵循环搅拌调和。

用泵不断地将罐内物料从罐底部抽出再返回调和罐，在泵的作用下形成主体对流扩散和涡流扩散使油品调和均匀。为了提高调和效率，降低能耗，在实际生产中不断对泵循环调和的方法进行改进。主要有：①泵循环喷嘴搅拌调和。即在调和油罐内增设喷嘴，被调和物料经过喷嘴的喷射形成射流混合。高速射流传过罐内物料时，一方面可以推动其前方的流体流动形成主体对流运动；另一方面在高速射流作用下，射流边界可形成大量涡流使传质加快，从而大大提高混合效率。这种混合方法适用于中低黏度油品的调和。②静态混合器调和。即在循环泵出口、物料进调和罐之前增加一个合适的静态混合器。用静态混合器强化混合，可大大提高调和效率，一般可比机械搅拌缩短一半以上的调和时间，而调和的油品质量也优于机械搅拌。

2. 连续调和

连续调和是把被调和的润滑油的各组分，包括所需要的各种基础油和添加剂按产品开发时确定的比例同时送入调和总管和混合器，经过均匀混合的油品从另一端出来，其理化指标和使用性能即可达到预定要求，油品直接灌装或进入成品油罐储存。

连续调和装置一般由下列部分组成：①基础油、添加剂组分和成品油罐。②组分通道。每一个通道应包括配料泵、计量表、过滤器、排气罐、控制阀、温度传感器、止回阀、压力调节阀等。组分通道的多少视调和油品的组分数而定，一般5~7个通道，也可再多一些。通道的口径和泵的排量由装置的调和能力和组分比例的大小而定，各组分通道的口径和泵的排量是不同的。③总管、混合器和脱水器。各组分通道出口均与总管相连，各组分按预定的准确比例汇集到总管。④在线质量仪表。主要是黏度表、倾点表、闪点表和比色表，尤其在采用质量闭环控制或优化控制调和时必须设置在线质量仪表。⑤自动控制和管理系统。根据控制管理水平的要求可选用不同的计算机及辅助设备。

3. 两种调和方式的比较

间歇调和是把定量的各组分依次或同时加入到调和罐中，当所有的组分配齐后，调和罐便可开始搅拌，使其混合均匀。调和过程中随时采样化验分析油品的性质，也可随时补加某种不足的组分直至产品完全符合规格标准。这种调和方法工艺和设备比较简单，不需要精密的流量计和高度可靠的自动控制手段，也不需要在线质量检测手段。因此建设此种调和装置所需投资少、易于实现。此种调和装置的生产能力受调和罐大小的限制，只要选择合适的调和罐就可以满足一定生产能力的要求，但劳动强度大。

连续调和是把全部调和组分以正确的比例同时送入调和器进行调和，从管道的出口即得到质量符合规格要求的最终产品。这种调和方法需要有满足混合要求的连续混合器，需要有能够精确计量、控制各组分流量的计量器和控制手段，还要有在线质量分析仪表和计算机控制系统。由于该调和方法具备上述这些先进的设备和手段，所以连续调和可以实现优化控制、合理利用资源、减少不必要的质量过剩，从而降低成本。连续调和顾名思义是连续进行的，其生产能力取决于组分调和成品油罐容量的大小。

综上所述，间歇调和适合批量少、组分多的油品调和，在产品品种多、缺少计算机装备的条件下更能发挥其作用。连续调和适合生产规模大、品种和组分数较少、又有足够的吞吐储罐容量和资金能力的油品调和。一般情况下，间歇调和设备简单、投资较少，连续调和相对投资较大。具体的调和厂的建设采用何种调和方法，需做具体的可行性研究，进行技术经济分析再最后确定。

五、润滑油调和机理

润滑油调和大部分为液-液相互溶解的均相混合，个别情况下也有不互溶的液-液相系，混合后形成液-液分散体。当润滑油添加剂是固体时，则为液-固相系的非均相混合或溶解。固态的添加剂为数并不多，而且最终互溶形成均相。

一般认为液–液相系均相混合是以下三种扩散机理的综合作用的结果：

（1）分子扩散。由分子的相对运动引起的物质传递。这种扩散是在分子尺度的空间内进行的。

（2）涡流扩散。当机械能传递给液体物料时，在高速流体和低速流体界面上的流体受到强烈的剪切作用形成大量的涡旋，由涡旋分裂运动所引起的物质传递。这种混合过程是在涡旋尺度的空间进行的。

（3）主体对流扩散。包括一切不属于分子运动或涡旋运动的而使大范围的全部液体循环流动所引起的物质传递，如搅拌槽内对流循环所引起的传质过程。这种混合过程是在大尺度空间内进行的。

1. 基础油

基础油是添加剂的载体，在润滑油中占有较大的比例，对油品性能影响很大。一个多级油品组成中，80%以上组分是基础油，所以基础油的种类性能对油品的低温动力黏度起着决定性的作用，在调和油品时选择合适的基础油至关重要。

通常经炼油厂精制后得到的只有常三线、减二线、减三线、减四线和光亮油（减压残油经脱沥青、精制后所得的高黏度油料）等几种不同黏度的基础油料。许多牌号的润滑产品常常是利用两种或两种以上不同黏度的基础油组分按一定比例调配，该比例常称为调和比。

为统一基础油的分类标准，目前通用黏度指数来划分润滑油基础油。黏度指数表示一切流体黏度随温度变化的程度。黏度指数越高，表示流体黏度受温度的影响越小，黏度对温度越不敏感。

国内基础油标准参照 API（美国石油协会）国外标准，按黏度指数将基础油分为低黏度指数润滑油基础油（LVI）、中黏度指数润滑油基础油（MVI）、高黏度指数润滑油基础油（HVI）、很高黏度指数润滑油基础油（VHVI）和超高黏度指数润滑油基础油（UHVI）。

2. 添加剂

在润滑油中加入少量的添加剂，能改善油品的一种或多种性质，甚至赋予润滑油以崭新的特性而得到更满意的使用性能。为了满足使用要求，必须从基础油和添加剂两方面对润滑油质量进行提高。添加剂按功能分主要有抗氧化剂、抗磨剂、摩擦改进剂（又名油性剂）、极压添加剂、清净剂、分散剂、泡沫抑制剂、防腐防锈剂、降凝剂、黏度指数改进剂等类型。

（1）清净分散剂：清净分散剂是一种具有表面活性的物质，它能吸附油中的固体颗粒污染物，并使污染物悬浮于油的表面，以确保参加润滑循环的油是清净的，减少高温与漆膜的形成。分散剂则能将低温油泥分散于油中，以便在润滑油循环中将其滤掉。清净分散添加剂是它们的总称，它同时还具有洗涤、抗氧化及防腐等功能。因此，也称其为多效添加剂。从一定意义上说，润滑油质量的高低，主要区别在抵抗高、低温沉积物和漆膜形成的性能上，也可以说表现在润滑油内清净分散剂的性能及加入量上，可见清净分散剂对润滑油质量具有重要影响。

（2）抗腐剂：用燃料油、煤油、汽油、天然气、液化气等作为燃料的发动机必须使用润滑剂（如石蜡基润滑油）来润滑它们的运动部件。润滑油在使用中要与空气接触，各种机械设备也会产生热量，使运转中的摩擦部位温度升高。另外，设备中的各种金属材质，如铜、铁等均会起催化作用加速油品的氧化变质，生成酸性物质腐蚀金属材质，对设备的正常运行带来不利影响。因此要求油品有较好抗腐性能。经过一定精制的基础油，有一定的抗氧化作用，但是不能满足极其苛刻的使用要求，必须加入抗腐添加剂。

（3）降凝剂：降凝剂的采用能有效地降低矿物润滑油的凝固温度，提高油品的低温流动性，显著地提高油品的性能和经济效益。降凝剂是一种化学合成的聚合物或缩合物，常见的降凝剂有烷基萘、聚酯类和聚烃类。降凝剂只在含有少量蜡的油品中才能起降凝作用，油品中不含蜡或含蜡太多都无降凝效果。

（4）防锈剂：防锈剂是一种极性很强的化合物，其极性基团对金属表面有很强的吸附力，在金属表面形成紧密的单分子或多分子保护层，阻止腐蚀介质与金属接触，起到防锈作用。常用的防锈剂有石油磺酸钡（T 701）。

（5）黏度指数改进剂又称增黏剂，是油溶性的链状高分子聚合物，在不同的温度下具有不同的形态，并对黏度产生不同的影响，是用于制备多级内燃机油、液压油和齿轮油的主要添加剂，也用于调制低温性能好的液压油、液力传动油。在润滑油中添加黏度指数改进剂，可以提高黏度指数，获得低温起动性能好、高温下又能保持适当黏度的多级油，从而改进润滑油黏温性能，提升润滑油等级，延长润滑油使用寿命，可使油品四季通用。黏度指数改进剂不仅能增强增黏能力、增加剪切稳定性，而且具备良好的低温性能和热氧化安定性能。在实际生产中，不同的油品选择黏度指数改进剂的侧重点也不同。

（6）破乳剂：润滑油（汽轮机油、液压油、齿轮油）在使用中常常会不可避免地要混入一些冷却水，如果润滑油的抗乳化性不好，它将与混入的水形成乳化液，使水不易从循环油箱的底部放出，从而可能造成润滑不良。抗乳化剂的加入可以帮助破坏原来乳化液的亲水—亲油平衡，实现油水分离。对油品有很高的降解性能及水萃取性。

（7）油性剂：主要是指润滑剂减少摩擦的性能。以提高这种性能的目的而使用的添加剂称为油性剂，有时也称为减摩剂或摩擦改进剂，用作油性剂的是某些表面活性物质，如动植物油脂、脂肪酸、酯、胺等。

（8）抗磨剂：是指润滑剂在轻负荷和中等负荷条件下能在摩擦表面形成薄膜，防止磨损的能力。如：硫化油脂、磷酸酯、二硫代磷酸金属盐。

（9）极压剂：是指润滑剂在低速高负荷或高速冲击负荷摩擦条件下，即在所谓的极压条件下防止摩擦面发生烧结、擦伤的能力。极压剂多含有硫、磷、氯等活性物质，极压剂在摩擦面上和金属起化学反应，生成剪切力和熔点都比原金属低的化合物，构成极压固体润滑膜，防止烧结。

（10）抗泡剂：润滑油使用中，常会受到震荡、搅动等影响，使空气进入润滑油中，以至于形成气泡，这将影响润滑油的润滑性能，加快氧化速度，导致油品损失，而且会阻碍油品的传送，使供油中断，妨碍润滑，对液压油会影响其压力的传递。抗泡剂的作用主要是抑制泡沫的产生，提高消除泡沫的速度，以免形成安定的泡沫。最常用的抗泡剂是甲基硅油抗泡剂。

（11）抗氧剂：防止油品老化的重要添加剂，能够有效提高油品的使用寿命。

第二节　实训内容

一、实训目的

（1）培养学生成为应用型的工程技术人才。

（2）通过学生亲自动手，调和出合格的润滑油产品，掌握实际生产中的多项操作技能，提高学生动手能力。

（3）在实训过程中提高自我学习的认知能力，培养独立思考及解决复杂问题的能力。

（4）学会在团队中与队友团结协作，承担应尽的责任，培养良好的沟通、应变及协调能力。

二、实训任务

确定本次计划调和的润滑油产品，调和出符合国家质量标准的润滑油产品。

（1）查找相关的资料，写出开工方案，方案应包括对本次调和油品的认知、相关添加剂性能，本次实训任务中相关的基础油、调和的产品的质量指标、油品的实验方法、实验项目分析标准、实验数据记录相关表格设计等。对整个实训周期的工作安排要具体到每个组员。根据开工方案，每个组员要对自己的任务认真负责，同时协助其他组员，共同完成本次润滑油调和的实训任务。

（2）根据开工方案完成实训任务后，以组为单位提交一份实训报告，格式参考毕业论文的要求。

（3）在实训过程中要认真填写好工作日志，保存好原始实验数据的记录。

（4）调和油品种类参考：汽油发动机油 SL 10W/40，柴油机油 CF—420W/50，抗磨液压油 L—HM68，汽轮机油 L—TSA46，齿轮油 GL—585W/140（任选其中一种）。

三、润滑油调和操作步骤

基础油的选择→基础油的基本物性分析（黏度、倾点等）→通过黏度配比计算公式得到两种基础油的大致配比，在实验室调出小样→通过实验得到的数据确定基础油配比（黏度配比）→测定混合后的基础油黏度（一般为成品油黏度的80%）→根据调和的产品加入相应的添加剂，测黏度、倾点→确定调和工艺配方→前往石油化工润滑油实训基地调和成品油→采样→产品检测，对调和的产品进行全面的产品质量检测，出具产品合格证→产品灌装。

如果检测出有不合格的质量指标，要对此项质量指标进行调整。

1. 基础油的确定及性质测定

在进行润滑油调和之前，首先要对调和所选用的基础油油样进行分析；根据测得的结果，选择合适的调配方案。基础油质量检测见表5-1。

表 5-1　基础油质量检测

项　　目	质量指标	实验结果	试验方法
密度(20℃)/(kg/m³)			GB/T 1884
色度,号≤			GB/T 6540
运动黏度(40℃)/(mm²/s)			GB/T 265
运动黏度(100℃)/(mm²/s)			GB/T 265
黏度指数			GB/T 2541
闪点(开口)/℃≥			GB/T 3536
倾点/℃≥			GB/T 3535

注:实训过程中基础油性质检测要依据实际使用的基础油质量指标进行检测,表 5-1 只是实例,并不适合每一种基础油的检测。

2. 小样调和及性质检测

分别测所选取的基础油的黏度、倾点、闪点,根据基础油的黏度,计算基础油的配比,测两种基础油混合后的黏度,不断调试比例,直到符合要求。调和温度一般为 50~65℃,搅拌 5min。

根据已经测得的小样结果确定调和配方(见表 5-2)。

表 5-2　实验室小样调和配方

序　　号	名　　　称	调和配方/%	加入量/g
1	基础油 1		
2	基础油 2		
3	功能性添加剂		
4	黏度指数改进剂		
5	降凝剂		
6	抗泡剂		

混合油黏度和调和比的计算:不同黏度的油料混合后其黏度不是加和关系,而应由式(5-1)计算:

$$\lg\lg\nu_m = \Sigma V_i \lg\lg(\nu_i + K) \tag{5-1}$$

式中　ν_m——混合油运动黏度,mm²/s;

V_i——i 组分的体积分率;

ν_i——i 组分运动黏度,mm²/s;

K——常数,其中温度为 37.8℃时,K=0.6。

$$\lg\nu_m = \Sigma V_i \lg\nu_i \tag{5-2}$$

式中　ν_m——混合油运动黏度,mm²/s;

ν_i——i 组分运动黏度,mm²/s;

V_i——i 组分的体积分率。

$$黏度系数法 \quad C_m = \Sigma V_i C_i \tag{5-3}$$

式中　C_m——混合油的黏度系数;

V_i——i 组分体积分率。

$$C_i = \left[\lg\lg(\nu_i + 0.8) \right] \times 10^3 \tag{5-4}$$

式中　C_i——i 组分黏度系数，$C_i = \left[\lg\lg(V_i + 0.8) \right] \times 10^3$；

　　　V_i——i 组分运动黏度，mm^2/s。

3. 润滑油调和与性质检测

依据实验室小样结果，确定本次油品的生产工艺配方，在润滑油调和实训基地完成润滑油的调和，调和过程如图 5-1 所示。

本次调和采用罐式调和的方式，按照实验室小样配方比例，结合生产总量，将基础油和添加剂依次输入调和罐，加热、搅拌、循环，使其混合均匀，生产合格产品。

调和设备：基础油储罐、输油管线、调和罐、成品储罐、运油车、磅秤、齿轮泵、阀门、过滤器、采样口、产品出料口。

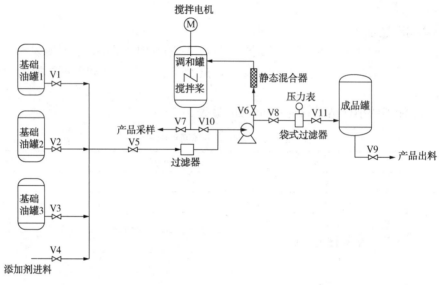

图 5-1　调和过程示意图

4. 调和流程

（1）按调和配方要求，通过泵将基础油、添加剂泵送到调和罐内。

（2）进料：打开阀门 1、5、6，其余阀门关闭，启动泵，将基础油 A 由输送管道从基础油罐 1 送至调和罐，达到计量值后，停泵，关闭阀门 1；打开阀门 2，再次启动泵，将基础油 B 由输送管道从基础油罐 2 输送至调和罐，达到计量值后，停泵，关闭阀门 2、5、6。

（3）调和：分为搅拌、循环两种方式或循环加搅拌同时使用。当罐内油浸没过搅拌桨时可以启动搅拌器进行机械搅拌调和，否则需通过静态混合器和泵循环搅拌的方式进行油品调和：打开阀门 6、10，启动泵，油品从调和罐底阀 10 经由管道再从调和罐顶部进入，循环时间 20~30min。

（4）添加剂的加入方式。通过添加剂进料口加入：打开阀门 4、5、6，启动泵，将添加剂泵入调和罐，关闭阀门 4、5、6，打开阀门 6、10，进行管道的循环，搅拌时间 20~30min，如果液位没过搅拌桨则启动搅拌器。

（5）打开阀门 10、8，启动泵，将经检测合格的油品从调和罐打入成品罐。

四、润滑油调和记录（见表5-3）

表5-3 润滑油调和操作记录（举例）

产品名称：　　计划调和量/kg：　　实际调和量/kg：　　产品批号：

名称	质量百分数/% 理论	实际	加入量/kg 理论	实际	加入时间	基础油（添加剂）理化数据 V_{40}/(mm²·s⁻¹)	V_{100}/(mm²·s⁻¹)	VI	密度/(kg·cm³)	倾点/℃	产品质量主要指标 V_{40}/(mm²·s⁻¹)	V_{100}/(mm²·s⁻¹)	VI	密度/(kg·cm³)	倾点/℃
基础油															
添加剂 功能剂															
增黏剂															
降凝剂															
抗泡剂															

加入时间：　时　分～　时　分／　时　分～　时　分

操作过程记录				
进油、加剂起始时间				
循环搅拌时间				
调和温度				
采样时间				

操作人	承担任务	操作人	承担任务
张三	生产调度	赵六	记录数据
李四	生产操作	…	…
王五	搬运物料		

备注：

日期：　年　月　日　　班级：　　指导教师：

五、润滑油产品性质检测（见表5-4）

表5-4   产品性质检测表（以发动机油为例）

项　　目	质量指标	实验结果	试验方法
密度(20℃)/(kg/m³)			GB/T 1884
色度，号　≤			GB/T 6540
倾点/℃			GB/T 3535
水分/%　≤			GB/T 260
闪点(开口)/℃　不低于			GB/T 3536
泡沫性(泡沫倾向/泡沫稳定性)/(mL/mL) 24℃　≤ 93.5℃　≤ 后24℃　≤			GB/T 2579 SH/T 0722
蒸发损失/m%　不大于 诺亚克(250℃，1h) 或气相色谱法(371℃馏出量)			NB/SH/T 0059 ASTM D6417
碱值以KOH计/(mg/g)			SH/T 0251
硫酸盐灰分/m%			GB/T 2433
低温动力黏度/(mPa·s)			GB/T 6538
低温泵送黏度/(mPa·s)			SH/T 0562
运动黏度(40℃)/(mm²·s⁻¹)			GB/T 265
运动黏度(100℃)/(mm²·s⁻¹)			GB/T 265
黏度指数			GB/T2541
机械杂质/%　≤			GB/T 511

注：实训过程中产品性质检测要依据实际调和的产品质量指标进行检测，表5-4只是实例，并不适合每一种润滑油的检测。

六、成本核算

1. 同类市场产品调研（性质对比、价格调研，见表5-5）

表5-5   调和油与市面销售成品油性质对比

检验项目	质量指标	实训调和润滑油	市售XX润滑油	市售XX润滑油
运动黏度(100℃)/(mm²·s⁻¹)				
运动黏度(40℃)/(mm²·s⁻¹)				
黏度指数				
密度(20℃)/(g·cm⁻³)				
低温动力黏度/(mPa·s)				
低温泵送黏度/(mPa·s)				

续表

检验项目		质量指标	实训调和润滑油	市售 XX 润滑油	市售 XX 润滑油
闪点(开口)/℃					
倾点/℃					
机械杂质/%					
水分含量/%					
泡沫性(泡沫倾向/泡沫稳定性)	24℃				
	93℃				
	后 24℃				
硫酸盐灰分含量/%					
蒸发损失[诺亚克法(250℃,1h)]/%					

2. 实训调和润滑油成本核算(见表 5-6 和表 5-7)

表 5-6　润滑油配方和原料价格

名　　称	配方/%	加入量/kg	原料价格/(元/吨)
基础油 1			
基础油 2			
功能性添加剂			
黏度指数改进剂			
降凝剂			
抗泡剂			

表 5-7　调和一定质量润滑油的加入量

名　　称	理论加入量/kg	实际加入量/kg
基础油 1		
基础油 2		
功能性添加剂		
黏度指数改进剂		
降凝剂		
抗泡剂		

3. 成本核算基本公式(以重负荷柴油机油为例)

(1)重负荷柴油机油原料成本 $= \varepsilon$(调和组分的单价×调和组分量)。

(2)重负荷柴油机油调和成本 = 人力成本+电耗成本。

(3)电耗成本 = 功率×时间。

(4)人力成本 = 人数×单位工作时间×工价。

(5)重负荷柴油机油总成本 = 原料成本+调和成本。

(6)总经济衡算。

七、工程实训考核要求

1. 工程实训报告内容要求

（1）开工前，每个小组长都要提交一份开工方案，电子版。小组方案主要内容包括：概述（工程实训背景及任务）、润滑油调和工艺简介、调和方案设计、测试项目标准、方法及组员分工。

（2）提交原始数据记录本和实训项目结果汇总表（电子版）各一份。要求：原始数据记录本应包含各实验项目方法概要、使用仪器设备信息、试剂规格要求、实验步骤（流程图式）、实验原始数据记录表格（要求有自明性）、数据处理方法与过程、实验日期及负责人等，由实验项目负责人撰写（手写，实验前先设定好模板）。实训项目结果汇总表包括项目名称、原始数据和实验结果、实验者和完成日期，由小组长负责整理电子版。

（3）提交工程实训报告，每组一份，提交电子版和纸质版。内容要求：①概述（实训背景、实训内容及目标）；②基础油性质测定；③小样调和及性质测定；④润滑油调和及灌装；⑤产品检测与评价；⑥配方的确定，经济核算；⑦心得体会（每人一份）；⑧附表、附工艺流程图（A4纸打印 CAD 图）。

（4）实验过程必须有图片，大型仪器必须有厂家、型号或图片，自建仪器必须有图片，且画好装置图。

（5）负责填好仪器领用登记，以小组为单位，实训结束后借的所有仪器、试剂需按标准归还。

2. 工程实训报告格式要求

（1）工程实训全文格式按毕业论文格式要求。

（2）必须有封面、目录、页眉页脚。

（3）全文图表必须要有图名和表名，表为三线表。

3. 工程实训成绩构成

考勤 20%，在实验室的安全性、规范性和整洁性等综合表现 30%，实验数据的准确性和实训报告的规范性 30%，考试成绩 20%。

第六章　原油综合评价工程实训

第一节　概述

原油是指"未被加工的"石油，即直接从地下开采出来的原料，也被称为石油。原油是一种化石燃料，即它是由生活在数百万年前的古代海洋动植物发生腐烂而自然形成的，任何发现原油的地点曾经都是海床。原油具有不同的颜色（从清澈到焦黑色）和黏度（从水状到几乎凝固）。原油是非常有用的原材料，可用来生产许多不同的物质。因为原油内含有烃，烃是一种由氢和碳构成的分子，具有不同的长度和结构，从直链和支链一直到环链不等。

不同的油区所产的原油在组成和性质上差别较大，即使在同一油区，不同的原油和油井的原油在组成和性质上也可能有很多的区别。不同组成的原油表现出的物理性质不同，而不同的化学组成及物理性质对原油的使用价值、经济效益都有影响。对于许多原油来说，它的各项性质指标间往往存在着利弊交错、优劣存亡的现象，这样就需要对原油进行分析评价。人们根据对所加工原油的性质、市场对产品的需求、加工技术的先进和可靠性，以及经济效益等诸方面的分析，制订合理的加工方案。

一、原油分类

由于地质构造、生油条件和年代的不同，世界各地区所产原油的性质和组成有的差别很大，有的却十分相似；同一地区的原油，由于采油层位不同，性质可能出现差别。性质和组成相似的原油，其加工、储运等方案也相近。因此根据原油特性进行分类，对制订原油加工方案、储运和销售都是十分必要的。

原油的组成十分复杂，对其确切分类很困难。原油的分类方法有许多种，通常从商品、地质、化学或物理等不同角度进行分类。本节只讨论广为应用的原油工业分类法、化学分类法和我国采用的分类方法。

1. 化学分类

化学分类分为特性因数分类和关键馏分特性分类，以特性因数 K 作为原油的分类依据，有时不完全符合原油组成的实际情况，所以国内化学分类采用关键馏分特性分类。

（1）特性因数分类。

① 特性因数 $K>12.1$，石蜡基原油；

② 特性因数 $K=11.5\sim12.1$，中间基原油；

③ 特性因数 $K=10.5\sim11.5$，环烷基原油。

特性因数分类法多年来为欧美各国普遍采用，它在一定程度上反映了原油的组成特性。例如，通过这一方法分类我们能知道这种原油是含烷烃多还是含环烷烃多。特性因数分类法的缺陷：不能分别表明原油低沸点馏分和高沸点馏分中烃类的分布规律；由于原油组成复杂，黏度测定不够准确，求定的特性因数 K：

$$K = \frac{1.216T^{1/3}}{d_{15.6}^{15.6}} \tag{6-1}$$

式中 T——油品的中平均沸点；

$d_{15.6}^{15.6}$——欧美各国常用的相对密度（即 15.6℃ 油品密度与水的密度之比）。

（2）关键馏分特性因素分类法。

关键馏分特性因素分类法是将原油用简易精馏装置切取 250~275℃ 和 395~425℃（即在残压 5.3kPa 下取得的 275~300℃ 的馏分）两个轻重关键馏分，分别测定其相对密度，算出 K 值，对照分类标准表确定两个关键馏分的基属，然后根据关键馏分特性分类表确定原油的类别。

第一关键馏分指原油常压蒸馏 250~275℃ 的馏分；第二关键馏分相当于原油常压蒸馏 395~425℃ 的馏分，即在残压 5.3kPa 下取得的 275~300℃ 的馏分。

关键馏分特性分类要先确定原油的第一关键馏分和第二关键馏分。用原油简易蒸馏装置，在常压下蒸馏 250~275℃ 馏分作为第一关键馏分，残油用不带填料柱的蒸馏瓶，在 5.3kPa 的残压下蒸馏，切取 395~425℃ 馏分作为第二关键馏分，测定两个关键馏分对照表得出类别，见表 6-1 和表 6-2。

表 6-1   关键馏分的分类标准

关键馏分	石蜡基	中间基	环烷基
第一关键馏分 （250~275℃ 馏分）	$d_4^{20}<0.8210$ $API°>40$ （$K>11.9$）	$d_4^{20}=0.8210\sim0.8562$ $API°=33\sim40$ （$K=11.5\sim11.9$）	$d_4^{20}>0.8562$ $API°<33$ （$K<11.5$）
第二关键馏分 （395~425℃ 馏分）	$d_4^{20}<0.8273$ $API°>30$ （$K>12.2$）	$d_4^{20}=0.8273\sim0.9305$ $API°=20\sim30$ （$K=11.5\sim12.2$）	$d_4^{20}>0.9305$ $API°<20$ （$K<11.5$）

表 6-2   关键馏分的分类类别

序号	第一关键馏分的属性	第二关键馏分的属性	原油类别
1	石蜡基	石蜡基	石蜡基
2	石蜡基	中间基	石蜡-中间基
3	中间基	石蜡基	中间-石蜡基
4	中间基	中间基	中间基
5	中间基	环烷基	中间-环烷基
6	环烷基	中间基	环烷-中间基
7	环烷基	环烷基	环烷基

我国现采用关键馏分特性分类法和硫含量分类法相结合的分类方法，把硫含量分类作为关键馏分特性分类法的补充。

2. 工业分类

原油的工业分类法又称商品分类法，是化学分类方法的补充。工业分类的根据很多，如分别按原油的密度即 $API°$（$API°$计算公式：$API = \dfrac{141.5}{d_{15.6}^{15.6}} - 131.5$，其中 $d_{15.6}^{15.6}$ 为 15.6℃油品密度与水的密度之比）、硫含量、氮含量、含蜡量和胶质含量分类等。工业分类见下表。

表6-3 工业分类法(按原油密度即 $API°$)

类　　别	$API°$	20℃相对密度
轻质原油	>31.1	<0.8661
中质原油	31.1~22.3	0.8662~0.9161
重质原油	22.3~10	0.9162~1.0000
特重原油	<10	>1.0000

表6-4 工业分类法(按原油含硫量)

分类标准/%	≤0.5	0.5~2.0	>2.0
原油类别	低含硫	含硫	高含硫

表6-5 工业分类法(按原油含蜡量)

分类标准/%	0.5~2.5	2.5~10.0	>10.0
原油类别	低含蜡	含蜡	高含蜡

表6-6 工业分类法(按胶质含量)

分类标准/%	<5	5~15	>15
原油类别	低含胶	含胶	多胶

二、原油评价分类

原油评价一般是指在实验室采用蒸馏的分析方法，全面掌握原油性质，以及可能得到的产品和半产品的收率和其他一些基本性质。不同性质的原油，应采用不同加工方法，以生产适当产品，使原油得到合理利用。对于新开采的原油，必须先在实验室进行一系列的分析、试验，习惯上称之为"原油评价"。根据评价目的的不同，原油评价分为三类：(1)原油一般性质。目的是在油田勘探开发过程中及时了解单井、集油站和油库中原油一般性质，掌握原油性质变化规律和动态。(2)常规评价。为一般炼油厂提供设计数据；或作为各炼厂进厂原油每半年或一季度原油评价的基本内容。(3)综合评价。目的是为石油化工型的综合性炼厂提供生产方案参数，其内容较全面。其中综合评价内容一般包括：①原油的一般性质分析；②原油馏分组成和窄馏分性质；③直馏产品的切割与分析；④汽油、煤油、柴油和重整、裂解、催化裂化的组成分析；⑤润滑油、石蜡和地蜡的含量及性质的分析；⑥测定原油的平衡汽化数据，作出平衡汽化产率与温度关系曲线。

1. 原油的一般性质

在测定原油性质之前，先测定含水量、含盐量和机械杂质，若原油含水量大于 0.5%，则应先脱水。一般性质分析项目包括：密度、运动黏度、凝点、蜡含量、族组成、酸值、残炭、元素分析（C、H、S、N、O）、微量金属分析等。

2. 原油的常规评价

（1）包括原油一般性质测定和实沸点蒸馏数据及窄馏分性质。

实沸点蒸馏装置：原油实沸点蒸馏-间歇釜式精馏设备，理论板数 15～17，回流比 5：1，馏出物的最终沸点为 500~520℃。为避免原油的裂解，釜底温度不超过 350℃，重馏分采用减压蒸馏。整个蒸馏过程分为三段进行：常压蒸馏，减压蒸馏（1.33kPa），二段减压蒸馏（0.13~0.26kPa，不带精馏柱）。原油在实沸点蒸馏装置中按沸点高低被切割成多个窄馏分和渣油。一般按每 3%~5% 取作一个窄馏分。将窄馏分按馏出顺序编号，称重并测量体积，然后测定各窄馏分和渣油的性质。

（2）实沸点蒸馏曲线，如图 6-1 所示。

实沸点蒸馏曲线：以馏出温度为纵坐标，累计馏出质量分数（欧美多用体积分数）为横坐标作图。该曲线上的某一点表示原油馏出某累计收率时的实沸点。

（3）中比性质曲线。

中比性质即为每个窄馏分的平均性质，中比点就是每个窄馏分的累积收率的中百分数。中比性质曲线就是以测得的各窄馏分性质为纵坐标，相对应的窄馏分馏出一半时的累计馏出质量分数为横坐标，连接各个窄馏而形成的窄馏分的性质曲线。例如，以测得各个窄馏分的密度为纵坐标，以各窄馏分的中比点为横坐标，将每个窄馏分的坐标点连接成线即得原油的中比密度曲线。例如：某个窄馏分是从累计收率为 16.00% 开始到 19.46% 结束，密度为 0.8361g/cm³，在标绘时，以 0.8361 为纵坐标、（16.00%+19.46%）/2＝17.73% 为横坐标，就得到中比密度曲线上的一个点，以此类推，连接各点即得原油的中比密度曲线（如图 6-2 所示）。

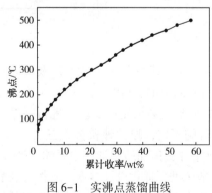

图 6-1   实沸点蒸馏曲线

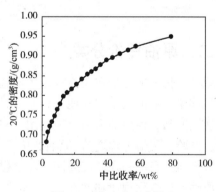

图 6-2   中比密度曲线

中比性质曲线表示窄馏分性质随沸点和累计馏出百分数的变化趋势，可以预测窄馏分的性质，大多数原油的物理性质没有加成性（密度除外），因此，这种预测方法只适用于窄馏分，对宽馏分是不适用的；馏分越宽，预测结果的误差越大。性质曲线不能用作制定原油加工方案或产品切割方案的依据。

3. 原油的综合评价

包括原油一般性质测定、实沸点蒸馏数据及窄馏分性质，还包括直馏产品的产率和性质。

根据需要，可增加某些馏分的化学组成、二次加工性能的评价等，为综合性炼油厂提供设计数据。

（1）直馏产品产率曲线。

常用石化燃料的馏程一般为汽油：初馏点~200℃；煤油：150~250℃；车用柴油：200~360℃。但现实中根据市场和质量的需要，也可适当调整各直馏产品切割馏程。例如，汽油切割方案可取：初馏点~130℃、初馏点~160℃、初馏点~180℃、初馏点~200℃等。不同的蒸馏切割范围对应有不同的产品收率，这就是直馏产品的产率曲线。

直馏产品的产率曲线可以通过实沸点蒸馏得到的窄馏分收率计算得出。

（2）直馏石油产品的性质曲线。

直馏石油产品的性质曲线必须先根据实沸点蒸馏得到的各个窄馏分按一定的比例调配出若干个不同切割范围的直馏产品；再按各种产品的主要性质指标要求，分别检测其主要性质；然后以每个不同切割范围的直馏产品的中比点为横坐标，性质为纵坐标，将各产品的坐标点连接成曲线。

以下是各种产品的主要性质指标(参考)。

直馏汽油：密度、馏程(10%、50%、90%)、酸度、含硫量、含砷量、族组成(PONA：正构烷烃、异构烷烃、环烷烃、芳香烃)、辛烷值。

直馏柴油：密度、馏程(初馏点、50%、终馏点)、苯胺点、柴油指数、凝点、黏度、酸度、硫含量、闪点。

蜡油(360~520℃)：密度、特性因素、折射率、黏度、酸度、含硫量、残炭、结构族组成(CP、CN、CA、RN、RA)。

重油(渣油)：密度、凝点、运动黏度(100℃)和恩氏黏度(100℃)、残炭、灰分、酸度、硫含量、闪点、金属元素(Ni，V，Fe，Cu)。

（3）原油的综合评价流程，如图6-3所示。

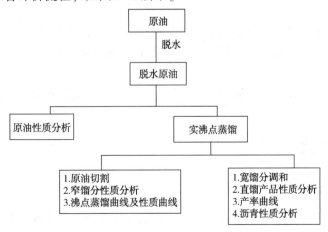

图6-3 原油的综合评价流程

三、原油评价意义

为在油田勘探开发过程中及时了解原油的一般性质，以便掌握原油性质变化的规律和动态；初步确定原油性质和特点，适用于原油性质的普查，特别适用于地质构造复杂、原油性质变化较大的产油区；为一般炼油厂和综合性炼油厂设计提供较可靠的理论根据和基本数据；确定原油加工方案，为炼厂设计和生产提供依据。

第二节   实训任务

一、实训目的

（1）紧扣石油化工特色，以原油实沸点蒸馏（或原油切割）装置为主要实训装置，开展一系列具有工程实训性、产品质量监控意识培养和创新性的实验。

（2）提高学生的工程思维和实际应用能力，掌握大型仪器（如实沸点蒸馏装置，硫氮测定仪）的使用方法。

（3）掌握石油原料及产品的组成分析与性能评价的原理和方法。掌握石油和石油产品试验方法（相关的行业标准和国家标准），如石油产品馏分组成、族组成、硫含量、蜡含量、水含量等组成分析；酸度、密度、馏程、凝点、黏度、折射率、热值、残炭等物性测定；掌握原油实沸点蒸馏切割法、层析法、真空干燥法、萃取法、过滤法等物质分离过程与方法。

（4）掌握原油综合评价的内涵和方法，学会通过实验数据绘制实沸点蒸馏曲线、中比点性质曲线和产品收率曲线等评价体系的制作过程。

（5）学会直馏产品的调配及其主要物性要求，通过测定产品的主要物性分析结果对产品质量作出正确评价。

二、实训目标

（1）以给定原油为原料，根据测定原料基本物性，确定原油切割方案。

（2）通过原油切割得到若干窄馏分，测定各窄馏的组成和性质，绘制所测原油的实沸点蒸馏曲线、中比性质曲线。

（3）根据宽馏的调和公式，调配若干直馏产品（汽油、柴油和蜡油），测定各直馏产品性质，绘制直馏产品性质及收率曲线。

三、实训装置

原油评价实训主要装置为实沸点蒸馏装置，其主要结构如图6-4所示。

1. 蒸馏系统 I

蒸馏系统 I 进行常减压操作，是用来对原油从初馏点到350℃的蒸馏。

（1）蒸馏柱1：硬质玻璃，高真空镀银，内装 $\Phi4\times40$ 环填料，顶部设有回流分配阀。柱内径 36mm，填料高度 500mm，理论板数 16~18 块。（2）蒸馏柱热补偿套：玻璃纤维编织而成，外带保温层，加热功率 500W。（3）冷凝头 1：硬质玻璃，半镀银。冷却面积 0.2m²，为满足从初馏点到 350℃馏分的冷凝需要。冷凝器分为两段，上段采用低温甲醇作冷却介质，下段采用恒温蒸馏水为冷却介质。（4）冷却器 1、2：冷却器 1、2 作为馏分冷却器与蒸馏柱连接，夹套式制冷，保证馏出物温度恒定。（5）缓冲罐 1：缓冲罐与馏分冷却器相连，储存采出馏分。顶部设有电磁阀，控制阀杆起落，到切割点时电磁阀开启，将馏分泄入接收量筒内。中部设有满管监测系统，防止接收馏分过多溢出量筒的情况发生。（6）馏分接收系统：馏分接收系统由升降系统、旋转定位系统、密封罩、接收量筒等组成，通过自动控制接收管的更换来实现馏分的切割。（7）球形釜：不锈钢材质，容积 8L。设有测压管接口，冷却盘管接口。实验过程中釜内装搅拌磁子。（8）釜加热套：玻璃纤维编织而成，加热功率 1100W。（9）釜热补偿套：玻璃纤维编织而成，外带保温层，加热功率 500W。（10）磁力搅拌器：作用于搅拌磁子，通过搅拌，使加热过程更稳定。（11）安

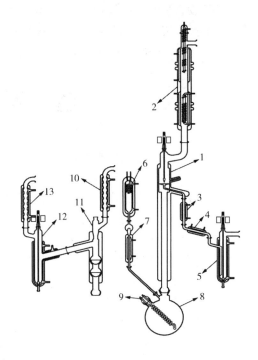

图 6-4　蒸馏装置图
1—蒸馏柱 1；2—冷凝头 1；3—冷却器 1；4—冷却器 2；
5—缓冲罐 1；6—氮气缓冲罐；7—安全冷却器；
8—蒸馏釜；9—釜冷却器；10—冷凝头 2；
11—蒸馏柱 2；12—缓冲罐 2；13—冷凝头 3

全冷却器：硬质玻璃，冷却水夹层防止高温油气进入测压管。（12）氮气扩散器：顶部与氮气管线、差压变送器高压端连接，底部与蒸馏釜连通，起到稳压作用。（13）真空冷阱：硬质玻璃，内置冷却盘管，冷源为深冷浴槽。防止进入真空管线的较轻油分进入真空泵，污染泵油。底部设有 150mL 集油瓶。（14）真空计：测量量程 0~13.3kPa。连在真空主管线上，用来测量系统压力。底部装有冷凝器，防止进入真空管线的油气污染真空计。（15）真空泵：排气量 24m³/h。（16）真空调节阀：熊川针形阀，用来手动控制真空度。（17）差压变送器：有效量程 0~10kPa。高压端连接至蒸馏釜，低压端连接至冷凝头顶部，用来检测实验过程中蒸馏柱的压力降。

2. 蒸馏系统 II

蒸馏系统 II 进行减压操作，是用来对原油从 350~500℃左右的蒸馏。

（1）蒸馏柱 2：硬质玻璃，高真空镀银，蒸馏柱无填料，只设有两个球形除沫器。（2）蒸馏柱热补偿套：玻璃纤维编织而成，外带保温层，加热功率 500W。（3）冷凝头 2：夹套制冷，防止高温油气污染真空计。（4）冷凝头 3：夹套制冷，防止油气进入真空管线。（5）缓冲罐 2：冷凝并储存馏分，顶部设有电磁阀，控制阀杆起落，到切割点时电磁阀开启，将馏分泄入接收量筒内。中部设有满管监测系统，防止接收馏分过多溢出量筒的情况发生。（6）馏分接收系

统：馏分接收系统由升降系统、旋转定位系统、密封罩、接收量筒等组成，通过自动控制接收管的更换来实现馏分的切割。(7)真空计：测量量程0~0.13kPa。连在真空主管线上，用来测量系统压力。底部装有冷凝器，防止进入真空管线的油气污染真空计。

第三节 实训内容

通过实沸点蒸馏装置将原油按其沸点的高低分割成若干窄馏分，并按要求将窄馏分调和成宽馏分。通过对窄馏分和宽馏分的性质分析，得到原油的馏分组成和馏分的物理性质及化学组成、各种石油产品的潜含量等。同时将实验数据标绘成体现原油主要性质的实沸点蒸馏曲线和性质曲线。经综合后得到原油评价的技术数据，包括以下内容：①对给定的原油进行性质分析；②原油实沸点蒸馏及窄馏分性质测定；③原油实沸点蒸馏、宽馏分调和及性质测定；④原油实沸点蒸馏曲线、性质曲线及产率曲线。

一、原油加工方案的确定

所谓原油加工方案，其基本内容是指原油可以生产什么产品以及使用什么样的加工手段来生产这些产品。理论上，可以从任何一种原油中生产出各种所需的石油产品，但实际上，原油加工方案的确定(确定原油加工方案的原则)取决于许多因素：如市场需要、经济效益、投资力度、加工技术水平和原油特性等。如果选择的加工方案适应原油的特性，则可以做到用最小的投入获得最大的产出。一般主要从原油特性的角度来讨论如何选择原油的加工方案。

1. 原油加工方案确定的原则

(1)根据原油特性制订合理的加工方案；(2)根据国民经济发展和市场需求，对产品品种、质量、数量等提出要求；(3)尽量采用先进技术和加工方法。

加工方案确定流程如图6-5所示。

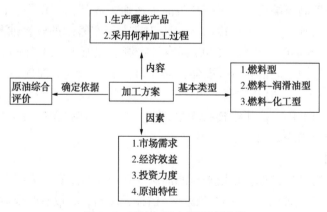

图6-5 原油加工方案确定流程

2. 原油切割方案确定的基本内容

(1)确定产品品种、产率及质量；(2)确定切割温度；(3)选定切割方案时应注意几点：

①以产品主要规格作为切割的主要依据；②在考虑产品质量要求的前提下，争取该产品的最大收率；③对某些产品质量要求（如柴油）要特殊考虑，不能只顾高产率，致使质量不合格，增加后续再加工的困难；④相邻两个产品产率切割有矛盾时，要优先生产市场急需产品。

　　根据目的产品的不同，原油加工方案大体上可以分为四种基本类型：①燃料型。主要生产用作燃料的石油产品。减压馏分油和减压渣油除了生产部分重质燃料油外，还通过各种轻质化过程转化为各种轻质燃料。②燃料-润滑油型。除了生产用作燃料的石油产品外，部分或大部分减压馏分油和减压渣油还被用于生产各种润滑油产品。③燃料-化工型。除了生产燃料产品外，还生产化工原料及化工产品，例如某些烯烃、芳烃、聚合物的单体等。这种加工方案体现了充分合理利用石油资源的要求，也是提高炼油厂经济效益的重要途径，是石油加工的发展方向。④燃料-化工-润滑油综合型，其特点是具备上述三种类型产品，资源得到更加充分整合利用。

3. 稠油的加工方案（如图6-6所示）

　　如何合理加工稠油是炼油技术发展中的一个难题。稠油的特点是密度和黏度大、胶质及沥青质含量高、凝点低，多数稠油的硫含量较高，其渣油的残炭值高、重金属含量高。稠油的轻质油含量很低，减压渣油一般占原油的60%以上。稠油的加工方案问题主要是如何合理加工其渣油的问题。

　　稠油的渣油中蜡含量低、胶质及沥青质含量高，是生产优质沥青的原料。例如单家寺稠油的减压渣油不需复杂的加工就可以生产出高等级道路沥青。因此，对稠油的加工应优先考虑生产优质沥青。由于受沥青市场的限制，除了生产沥青外，还需考虑渣油的轻质化问题。稠油渣油的残炭值高、重金属含量高，不宜直接用作催化裂化的原料，较好的办法是先经加氢处理后再送去催化裂化，但是渣油加氢处理的投资和操作费用高。采用溶剂脱沥青过程可以抽出渣油中的较轻部分作为催化裂化的原料，但需解决抽提残渣的加工利用问题；采用延迟焦化过程可以得到部分馏分油，经加氢和催化裂化可得到轻质油品，但同时得到相当多的含硫石油焦。稠油的凝点低，在制定加工方案时应考虑如何利用这个特点。例如，考虑生产低凝点柴油、对黏温性质要求不高的较低凝点润滑油产品等。

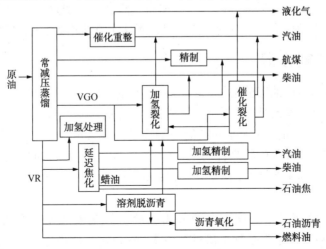

图6-6　稠油的加工方案图

二、原油性质分析

先测定原油含水量，若原油含水大于0.5%需先脱水。原油脱水后测定其包括相对密度、黏度、凝点、硫含量、四组分（胶质、沥青质、饱和烃、芳烃）、残炭、灰分、闪点、酸值、馏程、机械杂质等基本性质的测定。原油基本性质的测定方法见表6-7。

表6-7   原油基本性质的测定方法

性质		测量方法
水分		石油产品水分测定法 GB/T 260
相对密度		石油和液体石油产品密度计测定法 GB/T 1884
黏度		深色石油产品黏度测定法（逆流法）GB/T 11137
凝点		石油产品凝点测定 GB/T 510
硫含量		油品中总硫含量测定（紫外荧光法）SH/T 0689，ASTM D5453
四组分	胶质	石油沥青四组分测定法 SH/T 0509
	沥青质	
	饱和烃	
	芳烃	
残炭		残炭测定法（电炉法）SH/T 0170
灰分		石油产品灰分测定法 GB/T 508
馏程		石油产品常压蒸馏特性测定法 GB/T 6536
机械杂质		石油产品和添加剂机械杂质测定法 GB/T 511
闪点		石油产品闪点测定法（开口杯法）GB/T 3536
酸值		石油产品酸值测定法 GB/T 264

当原油含水大于0.5%需要脱水，常用的脱水方法如下：（1）破乳剂加电场；（2）高温破乳化；（3）闪蒸；（4）溶剂共沸。不同含水量使用的方法不同，一般来说，含水量较低的原油基本都采用破乳剂加电场的方法，闪蒸和高温破乳法一般使用高含水量的原油，溶剂共沸准确地来说是检验原油含水量的方法，可以用这个方法作为实验仲裁的标准。

三、原油切割方案

运用实沸点蒸馏对原油馏分进行切割。原油实沸点蒸馏是原油评价中的一项最重要的内容，也是原油评价工作的基础。实沸点蒸馏是在实验室中用比工业上分离效果更好的精确度较高的设备，将石油按其沸点的高低分割成若干窄馏分。通过对窄馏分的性质分析，得到原油的馏分组成和馏分的物理性质及化学组成，以及各种石油产品的潜含量。同时将实验数据绘成体现原油主要性质的实沸点蒸馏曲线和性质曲线，经综合得到原油评价的技术数据。

注意：（1）应根据馏分各分析测试项目需要的油品量来确定需要进行原油切割的量。（2）针对某些原油如果馏分各分析测试项目较多（例如综合评价），可能会涉及多次原油切割，以保证后续分析测试所需的油品量足够。

原油窄馏分切割的主要操作条件和原油窄馏分切割方案见表6-8和表6-9。

表 6-8　主要操作条件

项　目	常压蒸馏	一段减压	二段减压
全回流时间/min	20~30	20~30	20~30
流出速度/(mL/min)	3~5	3~5	3~5
回流比	4:1	4:1	4:1
残压/Pa	常压	13300~1330	666.0~266.6
压差/Pa	266.6	133.32	—
最后气相温度/℃	200	—	—
最后液相温度/℃	≤350	≤350	≤350
釜液相冷却温度/℃	130~150	100	70

表 6-9　窄馏分切割方案

蒸馏形式	沸点范围/℃
常压蒸馏	初馏点~95、95~130、130~180、180~200
一段减压	200~250、250~275、275~300、300~330、330~350、350~380、380~395
二段减压	395~425、425~450、450~480、480~500

实沸点蒸馏装置是一套釜式的常减压蒸馏装置，精馏柱理论板数为15~17层，回流比为5:1或者4:1，为间歇式的蒸馏过程，控制馏出速度在3~5mL/min，每一窄馏分约占原油装入量的3%。实沸点蒸馏操作过程分三段进行，第一段为常压蒸馏，切取初馏点到200℃的各个馏分；第二段为残压1.33kPa左右的减压蒸馏，切取200~395℃的各个馏分；第三段为小于0.66kPa的残压，不用精馏柱的减压蒸馏，切取395~500℃的各个馏分。在第二、三段之间还有冲洗精馏柱，回收滞留液的操作，排除渣油后再清洗蒸馏釜，回收附着的渣油。实沸点蒸馏按以下步骤进行：

1. 装置准备

（1）清洗并干燥仪器的所有玻璃部件，在接口处涂抹真空脂，对于球形磨口，涂抹适量的真空脂形成一层薄膜，过量的真空脂会形成缝隙。采用氟橡胶或硅橡胶衬垫仅需稍微润滑即可。

（2）检查真空泵转向是否正确，泵油量是否足够。

（3）准备好接收量筒，预先称重并编号。对丁烷收集瓶称重并放置于深冷浴槽内。

（4）检查全系统的连接安装是否正确。

（5）对装置的全部电器试通电，应功能正确。

（6）准备好防火安全措施及设备。

（7）蒸馏过程中可能产生有毒的H_2S气体，应采取相应的排气措施。

2. 试样准备

（1）依据 GB/T 4756 或 ASTM D4177 方法进行取样。在盛试样容器打开以前，将其放在冰箱中冷却至 0~5℃。

(2) 对常温下均匀流动的原油,在密闭容器中取样后即可直接称重和倒入蒸馏釜中使用。如果试样有蜡析出或太黏稠,升高温度在其倾点 5℃ 以上融化试样。

(3) 如果样品中含水量大于 0.3%(质量分数或体积分数)时,试样在蒸馏前应进行脱水。

3. 装入试样

放入搅拌磁子,称取一定质量的试样(不得大于釜体积的 2/3)缓缓倒入釜中,装入蒸馏釜中的试样称准至 1%。将盛有试样的蒸馏釜连接到蒸馏柱上,连接压力测量及冷却装置。安装好加热系统、搅拌器和支架。

4. 脱丁烷操作

(1) 控制柜加电,打开计算机及控制程序。将丁烷收集器置于冷阱浴槽内,并将进气口接至分馏塔回流头顶部的放空口。启动恒温浴槽、低温浴槽、深冷浴槽。在冷凝器中的制冷剂开始循环时,深冷浴槽温度不高于 -20℃。

(2) 启动搅拌器,给蒸馏釜加热。控制加热速率,使其在开启后 20~50min 内蒸汽由釜底上升到蒸馏柱的顶部。调节蒸馏釜的加热量,控制填料柱的压力降低于 0.13kPa/m。根据以上要求设定出自动控制器的控制程序。待蒸汽到达塔顶时(此时塔顶温度升高明显加快),降低加热强度。进行全回流运转,达到平衡状态并维持约 15min,然后打开馏出管阀,待出现第一滴冷凝物时记录此时的温度(初馏点一般为 30℃)。

注意:要确保所有轻的气体组分完全被回收,直到常压第一段石脑油馏分切割结束后,才进行下面的步骤。

(3) 从深冷冷阱中取出盛有轻烃液体的收集器,小心擦拭后称重(为避免轻组分挥发,此过程需快速完成)。收集器中的轻烃试样应用合适的气相色谱实验法进行分析,检测轻烃的组成。

5. 常压蒸馏

(1) 使冷却器管线和接收器与冷凝器温度一致,均保持低于 -20℃。按 ASTMD2892 标准,采用 65℃ 为界限点(在收集沸点低于 65℃ 馏分时,接收器要冷却到 0℃ 或更低一些的温度。当气相温度达到 65℃ 后,拔掉丁烷收集器进气管使回流头顶部的放空口放空)。控制回流比为 5:1,周期在 18~30s 之间。蒸馏时切取适当范围的馏分,通常的馏分宽度宜为 20℃。馏出速率 0.5~2.0mL/min(65℃ 以前)、4~6mL/min(65℃ 以后)。

(2) 如果观察到有液泛现象时,应降低蒸馏釜的加热强度,继续馏出到恢复正常操作状态。如果这期间有馏分需要切割,应停止蒸馏,冷却蒸馏釜中的试样,并将此时已经切割出的馏分倒回蒸馏釜中。重新开始蒸馏,并在馏分继续馏出前恢复到正常操作条件。在刚开始的 5℃ 内不应切割馏分。

(3) 连续切取馏分,直至达到所要的最高气相温度(不超过 210℃),或直至塔内物质出现裂化蒸馏的迹象(明显的裂化迹象是在蒸馏釜内有油雾出现,系统压力升高)。控制釜内液相温度不超过 310℃。

(4) 在达到最高蒸馏温度后,关闭回流阀和加热系统,降下蒸馏釜加热炉,冷却蒸馏釜中的液体(可打开釜内冷却盘管中的冷却水)。

(5) 取出接收器中各馏分称量各个重量,并分别测量各馏分在 20℃ 的密度。

6. 一段减压蒸馏（13.3~1.33kPa 压力下蒸馏）

（1）如果需要进一步切割更高温度下的馏分，可在减压下继续进行，其最高温度仍以蒸馏釜中沸腾的液体不产生裂化迹象为准，多数情况下是 310℃（此时气相温度应达到 200℃）。

（2）釜温降至 150℃ 以下后，装好蒸馏釜和馏分接收系统（接收量筒标号称重）。开启冷浴循环。待深冷冷浴达到 -20℃ 以下后启动真空泵，调节压力逐渐达到预设压力。蒸馏釜中液体的温度应低于预设定值压力下要沸腾的温度。如果压力达到之前液体沸腾，则应立即提高压力并进一步冷却，直到在此压力下液体不再沸腾为止。

（3）加热蒸馏釜，依常减压换算温度进行馏分切割。直至达到所需的最高气相温度，或直至釜内液相的最高温度达到 310~330℃。蒸馏时馏出速率约在 6~12mL/min 为宜。

（4）馏分切割完成后，关闭回流阀和加热系统。当釜温降到 150℃ 以下时，由放空阀慢慢放入空气，使残压上升，直至系统压力恢复常压后停真空泵。冷却蒸馏釜液体使其温度降到在更低的压力下蒸馏时不沸腾。

（5）称量全部切取的馏分，测定其 20℃ 的密度。

7. 二段减压蒸馏

（1）完成蒸馏塔 1 减压蒸馏后，将釜冷却移接至蒸馏塔 2 进行无回流的克氏蒸馏。

（2）开启恒温水浴并加热至 50~70℃，切换真空线，待深冷冷浴达到 -20℃ 以下后开启真空泵。调节真空阀门，使系统处于所需操作压力。

（3）调节压力达到预定值，如果在压力达到此值之前液体已沸腾，则应升高压力并进一步冷却，直到在预定压力下液体不沸腾。加热蒸馏釜，依常减压换算温度进行馏分切割，直至达到所需的最高气相温度，或直至釜内液相的最高温度达到 310~330℃。

（4）在操作期间，定期检查冷凝器中的冷凝液滴落得是否正常，如果发现内壁上有结晶物析出，可用红外灯或电吹风加热使馏分液化，并把恒温浴槽升温至足够使馏分液化的温度。

（5）当蒸馏达到最终切割点或液相温度和柱内压力达到极限妨碍进一步蒸馏时，关闭回流阀和加热系统。当釜温降到 150℃ 以下时，由放空阀慢慢放入空气，使残压上升，直至系统压力恢复常压后停真空泵。

（6）卸下蒸馏釜称重，取出残余渣油。如油有凝固可将釜单独置于加热炉上加热，至可将残油倒出。

8. 蒸馏塔的清洗

当釜温和柱温都降至 80℃ 以下后，将 60~90℃ 的石油醚约 1000mL 倒入釜中，连接于蒸馏柱 1 上。打开回流分配阀，打开接收系统上的抽气口放空，并关闭馏出管阀。将蒸馏釜缓慢加热至塔顶 70℃ 左右，使溶剂在蒸馏塔中回流洗塔约 10min。开馏出管阀，收取馏分至馏分变得较清澈。停止加热，使釜温降至 50℃ 以下，将收取的馏分倒回釜内并移至蒸馏柱 2。同样缓慢加热蒸馏釜，使塔顶约 70℃ 左右蒸馏 10min。停止加热并使釜冷却至 50℃ 以下，将收取的馏分与釜中残油一并倒入一已知重量的蒸馏瓶中。将该蒸馏瓶在高于溶剂沸点 10℃ 以下的温度范围内进行蒸馏，将溶剂蒸发完全，此时留在瓶中的即为附着油，称重后计入残油中。

注意：工程实训通常工作量为 2~3 周，2 周工作量时可通过减少宽馏分调和的个数或减少馏分油品分析测试项目（只分析测试关键项目）来调整。

四、窄馏分性质分析

窄馏分性质分析的项目有：密度、运动黏度、闪点(开)、凝点、折射率，还有计算黏度指数、特性因数。各窄馏分性质分析项目、指标和试验方法见表6-10。

表 6-10　窄馏分性质分析

性质	测量方法
相对密度	液体比重(韦氏)天平测定法
运动黏度	深色石油产品黏度测定法(逆流法)
闪点	石油产品闪点测定法(克里夫兰开口杯法)GB/T 3536(2周工作量安排时，可减少此项)
凝点	石油产品凝点测定 GB/T 510(2周工作量安排时，可减少此项)
折射率	阿贝折光仪法

切割得到的窄馏分性质记录见表6-11。

表 6-11　原油实沸点蒸馏质量收率及其窄馏分

沸点范围	馏出量/g	馏分占进料量/%	总收率/%	中比点/%	视密度/(g/cm³)	温度/℃	凝点/℃	闪点/℃	折射率 n_0^{20}	运动黏度/(mm² · s⁻¹)		
										20℃	40℃	100℃

五、原油实沸点蒸馏曲线及性质曲线

1. 原油实沸点蒸馏曲线

根据表6-10的数据可绘制原油实沸点蒸馏曲线和中比性质曲线。以原油实沸点蒸馏所得窄馏分的馏出温度为纵坐标，以总收率为横坐标作图，可得原油的实沸点蒸馏曲线。

2. 原油的性质曲线(中比性质曲线)

假定某一窄馏分的性质是该窄馏分馏出一半时的性质所作的曲线，这样标绘得到的窄馏分性质曲线，被称为中比性质曲线。中比性质曲线只适用于窄馏分，不能适用于宽馏分，馏分越宽，误差越大。中比性质曲线表示窄馏分的性质随沸点的升高或累计馏出百分数增大的变化趋势。根据性质曲线的特点，如果要大致估计某一馏分的性质，可以在该馏分馏出百分率的起始值和终了值的一半处作垂线，使之与某性质曲线相交所得点的纵坐标值即为该馏分某项性质数值。

六、宽馏分调和方案(直馏产品方案)

将实沸点蒸馏所得到的各个窄馏分调配成各种汽油、柴油馏分、重整原料、裂解原料等，并分析其主要性质。

宽馏分调和是指由实沸点蒸馏切割得到多个窄馏分和残油，然后根据产品的需要，按含量比例逐个混对窄馏分的方法。以汽油为例，将蒸出的最轻馏分为基本馏分，按照含量比例依次混入后面的窄馏分，就可以得到初馏点~140℃、初馏点~180℃、初馏点~200℃三种汽油馏分。柴油的调和类似，调和方案见表6-12，重油的调和是将>395℃的残油按含量比例依次混入前面350℃以后的窄馏分，就可得到>395℃重油馏分。

直馏产品及宽馏分的调和方法按式(6-2)计算：

$$m_i = \frac{m}{\sum w_i} \times w_i \qquad (6-2)$$

式中　m_i——窄馏分调和量，g；

　　　m——总调和量，g；

　　　w_i——窄馏分百分收率，%；

　　　$\sum w_i$——各窄馏分百分收率之和，%。

本方案按汽煤、柴油、重油进行调和宽馏分，直馏馏分调和沸点范围见表6-12。

表6-12　汽、柴、重油直馏馏分调和沸点范围

油品	温度范围/℃
直馏汽油	HR~140、HR~180、HR~200
直馏柴油	200~300、200~350、250~360
蜡油	350~400、350~450、350~500、380~500
重油(渣油)	>360、>380、>420、>500

重油(渣油)的调配方式：以实沸点切割得到的渣油为基础，按公式6-2往前推算。

七、宽馏分(直馏产品)性质分析

汽油馏分性质分析的项目有：密度、馏程、酸度、含硫、含砷、族组成、辛烷值、雷德蒸汽压。柴油馏分性质分析的项目有：密度、馏程、苯胺点、柴油指数、凝点、20℃运动黏度、含硫、闪点、酸度。重油馏分性质分析的项目有：密度、凝点、残炭、灰分、微量金属、100℃运动黏度、闪点、恩氏黏度，分析项目、试验方法见表6-13。

表6-13　直馏产品性质分析方法

分析项目	汽油	柴油	重油
相对密度	液体比重韦氏天平测法或比重瓶法 GB/T 2540		
馏程	石油产品馏程测定法 GB/T 255		—
硫含量	微库仑法 GB/T 8025		
酸值			GB/T 264

续表

分析项目	汽油	柴油	重油
酸度	石油产品酸度测定法 GB/T 258(2周工作量安排时，可减少此项)		
苯胺点	—	石油产品苯胺点测法 GB/T 262 (2周工作量安排时，可减少此项)	—
凝点	石油产品凝点测定法 GB/T 510		
运动黏度	—	GB/T 265	GB/T 11137
闪点	—	闭口杯 GB/T 261	开口杯法 GB/T 3536
残炭	—	—	电炉法 SH/T 0170
灰分	—	—	石油产品灰分测定法 GB/T 508
雷德蒸汽压	GB/T 8017	—	—

　　由切割出来的窄馏分按照调和公式得到馏分范围 HR~140℃、HR~180℃、HR~200℃，通过实验测定出它们的密度、馏程、硫含量、酸度和折射率等性质，记录见表6-14。

表6-14　汽油馏分性质分析

沸点范围/℃	馏分占进料量/%	视密度/(g/cm³)	馏程/℃						含硫量/(mg/kg)	酸度/(mgKOH/100mL)	折射率 n_{D20}
			初馏点	10%	30%	50%	90%	终馏点			
HR~140											
HR~180											
HR~200											

　　由切割出来的窄馏分按照调和公式得到馏分范围 200~300℃、200~350℃、250~360℃，通过实验测定出它们的密度、闪点、馏程、黏度、硫含量、酸度、凝点等性质，记录见表6-15。

表6-15　柴油馏分性质分析

沸点范围/℃	馏分占进料量/%	视密度/(g/cm³)	凝点/℃	闪点/℃	运动黏度/(mm²·g⁻¹)			含硫量/(mg/kg)	酸度/(mgKOH/100mL)	馏程/℃
					20℃	40℃	100℃			
200~300										
200~350										
250~360										

　　由切割出来的窄馏分按照调和公式得到馏分范围>360℃重油、>395℃重油、>520℃重油，通过实验测定出它们的密度、灰分、残炭、凝点、酸度和黏度等性质，记录见表6-16。

表6-16　重油馏分性质分析数据

项　　目	>360℃重油	>395℃重油	>520℃重油
占原油/%			
密度(20℃)/(g/cm³)			

项　目	>360℃重油	>395℃重油	>520℃重油
凝点/℃			
残炭/%			
灰分/%			
含硫量/%			
闪点/℃(2周工作量安排时，可减少此项)			
恩氏黏度(80℃、100℃)			
金属元素分析(Ni、V、Fe、Cu) (2周工作量安排时，可减少此项)			

八、产率曲线

直馏产品一般是较宽的馏分，为了取得其较准确的性质数据作为设计和生产的依据，通常的做法是先由实沸点蒸馏将原油切割成多个窄馏分和残油，然后根据产品的需要把相邻的几个馏分按其在原油中的含量比例混合，测定该混合物的性质；也可以直接由实沸点蒸馏切割得到相应于该产品的宽馏分，测定该宽馏分的性质。

以汽油为例，将蒸出的一个最轻馏分(如初馏分~130℃)为基本馏分，测定其密度、馏分组成、辛烷值等，然后按含量比例依次混入后面的窄馏分，就可以得到初馏点~130℃、初馏点~180℃、初馏点~200℃等汽油馏分，分别测定其性质，将产率性质数据列表或绘制产率性质曲线。要测取不同蒸馏深度的重油产率性质数据时，先尽可能把最重的馏分蒸出，测定剩下残油性质，然后按含量比例依次混对相邻蒸出的窄馏分，分别测定其性质，所得数据列表或绘制重油产率性质曲线。

1. 汽油馏分产率性质曲线的绘制

(1) 以汽油占原油的质量分数/%(中比点，下同)为横坐标，以密度为纵坐标，绘制密度曲线；

(2) 以汽油占原油的质量分数/%为横坐标，以温度/℃为纵坐标，绘制馏程分别为10%、50%、90%的三条馏程曲线。

2. 原油重油产率性质曲线

(1) 以重油占原油的质量分数/%为横坐标，黏度/(mm^2/s)为纵坐标，分别画出在80℃、100℃的两条黏度曲线；

(2) 以重油占原油的质量分数/%为横坐标，残炭/%为纵坐标，描点连线，画出残炭曲线；

(3) 以重油占原油的质量分数/%为横坐标，凝点/℃为纵坐标，描点连线，画出凝点曲线；

(4) 以重油占原油的质量分数/%为横坐标，硫/%为纵坐标，描点连线，画出硫含量曲线；

(5) 以重油占原油的质量分数/%为横坐标，密度 ρ_{20}/(g/cm^3)为纵坐标，描点连线，画出密度曲线。

九、实训考核要求

1. 工程实训报告内容要求

（1）开工前，每个小组长都要提交一份开工方案，电子版。（各小组可再分成 2~3 人。分组：汽油组，柴油组，重油组，渣油组）各分组根据产品主要质量指标设置分析项目和方法。

（2）提交原始数据记录本和实训项目结果汇总表（电子版）各一份。要求：原始数据记录本应包涵各实验项目方法概要、使用仪器设备信息、试剂规格要求、步骤（流程图式）、实验原始数据记录表格（要求有自明性）、数据处理方法与过程、实验日期及负责人等，由项目负责人撰写（手写，实验前先设定好模板）。实训项目结果汇总表包括项目名称、原始数据和实验结果、实验者和完成日期，由小组长负责整理电子版。

（3）提交工程实训报告，每组一份，提交电子版和纸质版，流程图必须提交 CAD/或立体图原始文件。报告内容包含原油实沸点蒸馏、窄馏分性质、产品性质、建议原油加工方案。

（4）过程必须有图片，大型仪器必须有厂家、型号或图片，自建仪器必须有图，且手动画好装置图。

（5）负责填好仪器领用登记，以小组为单位，实训结束后借的所有仪器、试剂需按标准归还。

2. 工程实训报告格式要求

（1）工程实训全文格式按毕业论文格式要求。

（2）必须有封面、目录、页眉页脚。

（3）全文图表必须要有图名和表名，表为三线表。

3. 工程实训成绩构成

考勤 20%，在实验室的安全性、规范性和整洁性等综合表现 30%，实验数据的准确性和实训报告的规范性 50%。

第七章 蒸汽裂解制乙烯工程实训

第一节 概述

蒸汽裂解制乙烯实训装置是在实验室条件下，模拟工业的裂解炉，实现对裂解炉工业操作参数(温度分布、压力分布、停留时间、水油比等)进行优化，并评价已在工业上采用或打算在工业上采用的原料，获得最佳工艺操作条件，以期在小试条件下对求取反应动力学参数，为工业炉更换、优化原料、优化裂解炉的工艺参数提供基础数据，对工业生产进行技术指导。

实训装置通过模拟各种不同工业裂解炉型的辐射段管内温度分布、停留时间、炉出口压力、水油比等操作条件来评定各种不同原料的裂解性能(产品分布)及其结焦程度(预测工业操作周期)，进行相关的科研、教学工作。

装置主要用来评价、筛选催化剂，研究工艺过程，探索最佳工艺参数，通过取样分析、评价、数据处理，为催化剂工业应用、工业装置建造提供设计基础数据，进而指导工业生产，节约生产成本，提高工作效率。

实训装置如图7-1所示，处理量为1~3kg/h，采用四路液相原料进料，1路烧焦空气和共用氮气，装置主体包括进料系统、裂解反应系统、冷凝分离系统、在线烧焦系统。装置工艺、管线及控制流程PID详见本章末附图1所示。液相由精密进料泵与精密天平联合控制进料与计量流量，系统的温度、压力、流量、液位自动控制，精密器件都采取了相应的保护措施，相关设计满足温度要求。

图7-1 蒸汽裂解制乙烯实训装置

一、进料系统

共设置两个气路进料和三个液路进料。

（1）N_2进料模块，钢瓶 N_2 出来后设置两个减压阀，分别减压为 6.0MPa 高压 N_2 和 0.5MPa 低压 N_2，其中：

① 6.0MPa 高压 N_2：用于试验采用乙烷、丙烷等轻烷裂解原料时可以加压确保液态进料；

② 0.5MPa 低压 N_2：用于裂解炉、进料计量罐、出料收集罐氮封用。

（2）压缩空气进料模块，压缩空气从空压机出来后经干燥罐脱水后进入稳压罐分别通过两个减压阀减压 0.5MPa 仪表风和 0.3MPa 烧焦空气，当进行在线烧焦时，烧焦空气从气体流量指示控制器控制流量后经空气开关阀进入裂解炉入口进行在线烧焦。

（3）1#原料模块（乙烷、丙烷、轻烃或石脑油）进料，原料油在计量罐经电子天平计量后，由计量泵按设定速率经静态混合器送入裂解炉入口。

（4）2#原料模块（乙烷、丙烷或轻柴油、轻减压蜡油、高压加氢尾油）进料，原料油在计量罐经电子天平计量后，由计量泵按设定速率经静态混合器与1#原料充分混合后送入裂解炉入口。

① 当以乙烷、丙烷为原料时，通入 6.0MPa N_2 高压液化，并在泵出口设置背压阀以确保乙烷、丙烷完全液化所需压力。

② 当采用轻减压蜡油、高压加氢尾油为原料时，计量罐设置电加热块保温以确保稳定进料。

（5）3#液相原料模块，原料油在计量罐经电子天平计量后由计量泵按设定速率经静态混合器与1#、2#原料混合后送入裂解炉入口。

（6）稀释水模块（蒸馏水）进料，稀释水在计量罐经电子天平计量后由计量泵按工艺设定速率分别经两个转子流量计控制两次注汽比例。

① 一路稀释水经蒸汽汽化器过热炉加热到设定工艺温度（约 180℃）从裂解炉对流段第二段出口处 1 注入。

② 另一路稀释水经蒸汽汽化器过热炉过热到一定温度（约 550℃）从裂解炉对流段第三段出口处 2 注入。当采用常规一次注汽时两路汇合均从裂解炉对流段第二段出口处 1 注入（约 180℃）。

二、裂解反应炉系统

（1）裂解炉（包括对流段和辐射段以及急冷器）反应系统模块。

（2）裂解原料从裂解炉对流段入口进入，稀释水蒸汽从对流段第二段出口处进入（当裂解介质油原料采用二次注汽时，从对流段第三段出口处注入）。

（3）裂解炉共分 8 段区分绝热温控，根据模拟不同裂解工业炉型需要可相应改变对流段和辐射段的段数。

（4）裂解炉设 8 个管内物料温控点（模拟不同工业炉型温度特性曲线），8 个相应位置的管壁测温点，8 段炉膛温度报警点，8 个各段差压测试点和进出口压力测试点，并设置氮封以确保压力测试可靠性。

（5）裂解原料和稀释水在对流段被逐步升至横跨温度后进入辐射段，并按不同工业炉型的特性升温曲线、水油比、停留时间等裂解条件进行热裂解反应。

（6）裂解产物从第 8 段炉出口直接进入急冷器快速终止反应，以避免目标产物（乙烯、丙烯）被转化损失。

三、裂解产物冷凝分离系统

裂解气冷凝分离系统模块包括正路和旁路两级冷凝分离系统。

（1）急冷器终止反应后的裂解产物通过连锁切换的气动阀，当裂解炉工艺操作条件尚未达到设定值、尚未稳定前，指令计算机把裂解产物首先切入旁路系统，经第一级水冷凝器把全部的稀释水和绝大部分裂解油冷凝后存于废油罐，未冷凝裂解气再进入第二级乙二醇冷凝器，冷至 $-2 \sim -5℃$，把轻裂解油（包括 C_{5+}）冷凝为液相存于废轻裂解油罐。不凝裂解气经压力调节阀控制裂解炉反应系统压力后经三通气动阀直接高空排放，不通过气表。

（2）当裂解炉反应系统各点温度、压力达到设定值，并稳定运行 15min 后，则指令计算机把裂解产物通过切入正路系统，并自动打印阶段试验开始时的所有相关数据和图、表，即开始进行阶段评价实验。裂解产物首先进入正路第一级水冷凝器，把全部稀释水以及绝大部分裂解油冷凝下来存于液相产品接收罐，未被冷凝的裂解气，再进入第二级乙二醇冷凝器冷至 $-2 \sim -5℃$，把 C_{5+} 轻质裂解油产品冷凝下来，存于轻裂解油罐之内，不凝裂解气通过三通气动阀经缓冲罐进入电远传式湿式气表计量后高空排放，可取裂解气样供色谱分析其组成。

当阶段评价试验到了规定时间，则指令计算机把裂解产物切入旁路系统，并自动打印阶段试验结束时的所有相关数据和图、表，即这一阶段评价试验结束。

（3）这时可以设定第二阶段评价试验，当规定的几个阶段评价试验做完后，即可进行烧焦，然后降温、停工。

四、在线烧焦系统

在线烧焦系统模块（由冷凝器、干燥器、红外在线测定分析仪、质量流量计组成）。在线烧焦分两种工况，一种是正常停工烧焦为下次试验做准备；另一种是整体结焦试验在线烧焦测定结焦量。

1. 正常停工烧焦

首先停止原料油进料，进行水蒸汽烧焦，进入旁路系统，并把各点温度逐渐提高到 800℃，水蒸汽烧焦进行 2h 后通入空气，进行空气-水蒸汽混合烧焦 1h 后，停止水蒸汽进料（事先关闭蒸汽过热炉电加热），单独用空气烧焦 2h 后，即烧焦结束。这时可把各段加热电源关掉，继续通空气降温，再启动水泵加速降温，直至各点温度 $<400℃$，可关掉水泵，空气进料，即可停工。

2. 结焦试验在线烧焦测焦量

当某种原料进行（72h 或 96h）长周期结焦试验时，其操作方法与阶段试验相同，在此不再重述。不同之处是要经常加料、放料，当长周期试验结束后，立即停止进油、关闭蒸汽过热炉、裂解炉各加热电源，用水泵进料降温至各点温度低于 400℃ 再烘焦 4h 就可停工，待第二天进行在线烧焦测焦量。

次日，首先打开红外分析仪（事先要通标准气校正红外在线分析仪），并把裂解炉各点升温至400℃后再通入空气，由小逐步增加，把裂解炉的热电偶都逐步升至800℃进行空气烧焦。烧焦气切入专门设置的在线烧焦测焦系统，首先进入水冷凝器冷却，再进入干燥罐脱水后进入在线红外分析仪测定烧焦气中 CO 和 CO_2 含量，然后进入气体质量流量计计量后，再经气表累计计量后高空排放。当红外在线分析仪分析烧焦气中 CO_2 含量随着烧焦过程逐渐降低至 0.2%~0.3%，并在 1h 之内都不再下降时，即可认为炉管中焦已烧干净，可以结束在线烧焦。这时计算机屏幕显示的焦量就是该原料油长周期试验的结焦量。

第二节　实训内容

一、实训目标

（1）了解蒸汽裂解制乙烯的工业背景及其现实意义。
（2）掌握蒸汽裂解制乙烯实训装置的操作规程。
（3）掌握原料及产品的分析手段。
（4）理解蒸汽裂解制乙烯实训装置的关键操作参数对装置的重要意义。

二、实训内容

蒸汽裂解制乙烯工程实训的主要实训内容：
实训内容一：认识实训。主要包括：（1）装置整体认识；（2）工艺流程简单认识，静设备、动设备认识；（3）电路等检查，压缩机等安全注意措施；（4）装置安全培训；（5）工艺流程图绘制。
实训内容二：实训准备。主要包括：（1）装置部件安装；（2）气密性检查；（3）故障排除；（4）学员练习装置如何启动电、控制连接、升温操作、泵启动等操作；（5）装置启停操作，尤其紧急停工操作；（6）撰写开、停工方案；（7）制订、演排实训方案。
实训内容三：实操实训。主要包括：按照实训方案进行实际操作，并对原料、产品进行分析检测。
实训内容四：实训总结。主要包括：（1）实训总结报告；（2）实训汇报幻灯片。

三、实训操作

蒸汽裂解制乙烯装置开工方案。
1. 装置检查
（1）由实验操作人员对本装置所有设备、管道、阀门、仪表、电气、保温等按工艺流程图要求和专业技术要求进行检查。
（2）检查所有仪表是否处于正常状态。
（3）检查所有设备是否处于正常状态。

（4）检查空气压缩机是否能正常启动，对空压机进行排水操作。检查空气缓冲罐放空阀能否正常开启，检查缓冲罐底部是否有水。

（5）检查空气吸附管干燥剂是否经过脱水处理，按要求每月进行一次干燥处理。

（6）检查外部供电系统，确保控制柜上所有开关均处于正常状态。

（7）检查自来水是否正常供给。

（8）检查 N_2 钢瓶气体总量是否足够，不够先换备用瓶。

2. 开车准备

（1）开启总电源开关。

（2）打开控制柜上电源开关，查看各指示是否正常。

（3）开启计算机。

（4）启动蒸汽裂解模拟软件。

（5）打开装置仪表电源总开关(挂编号牌)，启动强电、弱电至开位置，通过软件给系统送电。

（6）开启冷却水开关。

（7）启动空气泵开关。

（8）启动低温恒温浴开关，进油前温度设定为 1~1.5℃。

（9）开启 N_2 开关，用 N_2 吹扫系统。阀不全开，观察洗瓶内水冒泡即可。同时检查系统压差是否在正常范围内(<5kPa)。

（10）按试验方案升温。

一般的设置方案见表 7-1。

表 7-1　升温曲线

类型	TIC101	TIC102	TIC103	TIC104	TIC105	TIC106	TIC107	TIC108
石脑油/℃	200	320	460	590	780	828	833	838
尾油/℃	200	310	450	560	742	800	805	810

注意事项：手动升温。输出功率为前四段 70%，后四段 80%。

（11）检测系统压力情况，当后四段达到 400℃ 时，急冷器清焦。清完焦后，系统压力改为自动控制状态，PT108 设置 85kPa。

（12）蒸汽发生器 FNR61 升温，250~300℃。

（13）当后四段温度升至 500~600℃ 时，启动注水泵，少量进水(注水从第三段注入)。

（14）当整个温度达到各设定温度时，均改为自动状态。放 AV201A 料称重，算到上次实验物料平衡。

（15）V201A 和 V202B 重量清零。

3. 装置进料

（1）调整 P61 泵频率数达至设定值。

（2）启动油泵 P51/41，P41 注意启动保温。系统进料，同时关闭 N_2 入阀门。

（3）调整低温恒温浴温度，设成−1~−2℃，此时状态走旁路。

（4）逐渐调整油泵频率数，使其达到设定值，调整的同时进行系统反冲压。同时开启三通阀使气体进入转鼓，看看转鼓情况。

（5）各电磁阀状态：AV201 B 开，AV202 B 开(开关均可)，反充压阀开，HV 反冲压。

（6）AV 201A 关，AV202A 开。反冲压时间：20~30min。从系统进料开始。

（7）当系统温度、流量均稳定后，打开 AV202B，关闭系统反冲压阀 HV，打开 AV202A，准备正式评价。

（8）系统切至数据采集画面，点击实验开始按钮。实验正式开始。

（9）35min 左右取样分析，结束前 5~10min 取样，观察两个样分析结果，判断分析试验稳定情况。

（10）当试验周期结束时，点击试验结束按钮，打印结束报表。

（11）关闭 P51/41，关闭泵入口阀，加大 P61Hz，加大进水量。T101~108 全部打到手动状态，FRN61 全部停电。打开的反应器 N₂阀，70%~100%吹扫，进行系统裂解炉降温。

（12）用事先准备好的桶盛放 V201A 裂解液相产品，桶先称重，盛放完再称重油水重量。

（13）对放出的液体产品(油水)进行分离，按切割方案进行蒸馏，分别得到不同沸点范围的馏分，损失加到碳五或者汽油中。

四、停工方案

1. 裂解炉降温

（1）当系统放料结束后，打开 PV201 副线阀，PV201 改为手动，停空气泵。

（2）当裂解炉各温度点<500℃时，停水泵 P61，N₂再吹扫 10~20min，停 N₂入阀门，关闭系统电源，退出控制界面，关闭计算机，关闭强弱电旋钮。打扫卫生，检查工器具、放置情况，关闭钢瓶 N₂总阀。

2. 烧焦与清焦

（1）压差达到 20~30kPa，通常石脑油原料 1 个月左右烧焦一次，尾油原料 15 天烧焦一次。

（2）烧焦过程：打开反应器 N₂阀，进行氮气吹扫1h。打开急冷器出口，一开始空气先给上，30~80L/h，中期 100~200L/h，末期至 300L/h，时间到温度达到后 3~4h，急冷器人工清焦，清焦时空气要一直给上。各段烧焦，先开各段顶上出口高温阀，再连接急冷器，同时关闭 V201A/V202A 急冷器手阀。烧焦曲线温度设置见表 7-2。

表 7-2　烧焦曲线温度设置

编号	TIC101	TIC102	TIC103	TIC104	TIC105	TIC106	TIC107	TIC108
设置温度	600℃	650℃	700℃	800℃	830℃	850℃	850℃	850℃

（3）各段烧好后，关阀空气入口反应器手阀，停空气泵，裂解炉自然降温。

五、数据记录及处理(见下表)

表 7-3　试验前需要输入数据

编号	试验日期	符号	数值	单位
1	原料油名称			
2	模拟炉型			
3	试验周期			h
4	辐射段段数			
5	反应段体积	VB		mL
6	反应出口温度	$tout$		℃
7	反应入口温度	tin		℃
8	平均反应温度	tB		℃
9	反应出口压力	$Pout$		kPa
10	反应入口压力	Pin		kPa
11	平均反应压力	PB		kPa
12	稀释水进料量	Gs		kg
13	原料油进料量	GHC		kg
14	裂解油出料量	GO		kg
15	液体产品总出料量	G		kg
16	湿式气表温度	tG		℃
17	湿式气表压力	ΔP		mmH$_2$O
18	校正前裂解气体积	VA		L
19	校正后裂解气体积	VC		L
20	原料油比重	$d_{20℃}$		g/cm^3
21	比重校正值	Δd		g/cm^3
22	原料油比重(15.6℃)	$d_{15.6℃}$		g/cm^3
23	原料油相对分子质量	MHC		g/mol
24	水相对分子质量	MS		g/mol
25	裂解油相对分子质量	MO		g/mol
26	原料油氢含量	HHC		m%
27	原料油体积平均沸点	tv		℃
28	原料油立方平均沸点	tc		℃

表 7-4 停留时间(原料油进料量)和烃分压计算

编号	原料油名称	符号	数值	单位
1	模拟炉型			
2	辐射段体积	VB		mL
3	入口反应压力	Pin		kPa
4	出口反应压力	$Pout$		kPa
5	平均反应压力	P		kPa
6	入口反应温度	tin		℃
7	出口反应温度	$tout$		℃
8	平均反应温度	tb		℃
9	原料油进料速率	WHC		g/h
10	水油比	Rso		m/m
11	原料油相对分子质量	MHC		g/mol
12	稀释水相对分子质量	Ms		g/mol
13	裂解气平均相对分子质量	Mg		g/mol
14	裂解油相对分子质量	Mo		g/mol
15	裂解气重量收率	Yg		m/m
16	裂解油重量收率	Yo		m/m
17	停留时间	Rt		s
18	烃分压	PHc		kPa

表 7-5 产品气体分析数据

分子式	化学名称	相对分子质量	V/%	Wt/%	气体收率/%	气体中氢含量/%
H_2	Hydrogen	2				
CH_4	Methane	16				
C_2H_2	Acetylene	26				
N_2	Nitrogen	28				
CO	Carbon Monoxide	28				
C_2H_4	Ethylene	28				
C_2H_6	Ethane	30				
O_2	Oxygen	32				
C_3H_4	Propadiene	40				
C_3H_6	Propylene	42				
C_3H_8	Propane	44				
CO_2	Carbon Dioxide	44				
C_4H_6	Butadiene	54				

续表

分子式	化学名称	相对分子质量	$V/\%$	$Wt/\%$	气体收率/%	气体中氢含量/%
$1-C_4H_8$	1-Butene	56				
$T_2-C_4H_8$	T_2-Butene	56				
$C_2-C_4H_8$	C_2-Butene	56				
$ISO-C_4H_8$	Iso-Butene	56				
$N-C_4H_{10}$	Normal Butene	58				
$ISO-C_4H_{10}$	Iso-Butane	58				
$CY-C_5H_6$	Cyclo-Pentadiene	66				
$2-M-C_4H_5$	2-Methyl-Butadiene	68				
$1,2-C_5H_8$	1,2-Pentadiene	68				
$1,3-C_5H_8$	1,3-Pentadiene	68				
$1,4-C_5H_8$	1,4-Pentadiene	68				
$2,3-C_5H_8$	2,3-Pentadiene	68				
$T2-C_5H_{10}$	T2-Pentadiene	70				
$C2-C_5H_{10}$	C2-Pentadiene	70				
$2-M-1-C_4H_7$	2-Methyl-1-Butene	70				
$3-M-1-C_4H_7$	3-Methyl-1-Butene	70				
$2-M-2-C_4H_7$	2-Methyl-2-Butene	70				
$1-C_5H_{10}$	1-Pentane	70				
$N-C_5H_{12}$	Normal Pentane	72				
$ISO-C_5H_{12}$	Iso Pentane	72				
C_{6+}	C_6-Plus	83				
SUM						

项目	符号	数值	单位
裂解气平均相对分子质量	Mg		g/mol
裂解气比重	dg		g/L
冷后裂解气体积	Vc		L
裂解气重量	Gg		g
裂解气收率	Yg		m%
裂解油收率	Yo		m%
裂解气收率(C_1-C_4)	$Yg_{(C_1-C_4)}$		m%
裂解油收率(C_{5+})	$Yo_{(C_{5+})}$		m%
裂解气氢含量	$H_{2(C_1-C_4)}$		m%
裂解油氢含量	$H_{2(C_{5+})}$		m%

表 7-6　试验结果数据报告

编号	项目	符号	数值	单位
1	试验日期			
2	实验原料油			
3	阶段试验周期			h
4	模拟炉型			
5	辐射段段数			
6	反应体积	V_B		mL
7	入口反应压力	P_{in}		kPa
8	入口反应温度	t_{in}		℃
9	出口反应压力	P_{out}		kPa
10	出口反应温度	t_{out}		℃
11	原料油进料速率	W_{HC}		g/h
12	停留时间	Rt		s
13	水油比	Rso		m/m
14	稀释水进料量	Gs		kg
15	原料油进料量	G_{HC}		kg
16	原料油比重(15.6℃)	$d_{15.6℃}$		g/cm³
17	原料油体积平均沸点	t_v		℃
18	原料油立方平均沸点	t_c		℃
19	原料油氢含量	H_{HC}		m%
20	原料油芳烃指数	$BMCI$		m%
21	原料油特性因素	K		m%
22	裂解油出料量	Go		kg
23	C_5裂解油收率	Yo		m%
24	液相产品总重量	G		kg
25	冷后裂解气体积	V_C		L
26	裂解气平均相对分子质量	Mg		g/mol
27	裂解气比重	dg		g/L
28	裂解气总重			g
29	实际裂解气重量收率	$Y_{g(C_1-C_6)}$		m%
30	裂解气重量收率	$Y_{g(C_1-C_4)}$		m%
31	裂解油重量收率	$Y_{o(C_{5+})}$		m%
32	裂解油氢含量	$H_{2(C_{5+})}$		m%
33	烃分压	P_{HC}		kPa
34	物料平衡	$\sum HC$		m%
35	总物料平衡	$\sum HC_{5+}$		m%

表 7-7　裂解油蒸馏收率计算

试验编号				
试验名称				
反应出口温度				
馏分名称	质量	收率	总收率	总收率
	g	m%	（不含 C_5）m%	（含 C_{5+}）m%
进料量				
裂解汽油				
裂解柴油				
裂解燃料油				
裂解渣油				
Total				

表 7-8　裂解汽油芳烃(BTX)收率计算

试验编号		
试验名称		
反应出口温度		
色谱分析名称	裂解轻油收率	总收率
GC Component	m%	m%
Input		
苯		
甲苯		
苯乙烯		
间二甲苯		
对二甲苯		
邻二甲苯		
乙苯		
∑BTX		

六、实训考核要求

本次课程的总成绩为 100 分，考核内容分为 5 项，分别为：

（1）出勤率：本考核标准满分为 10 分，缺勤率超过 20% 的同学，取消考核资格。出勤率作为考核学生基本学习素质的一项指标，迟到 3 次算缺勤一次。

（2）操作考核：本指标满分为 10 分，在每个学习阶段后，老师都会布置一个实训项目进行现场考核，考查同学的动手和实际掌握能力。

（3）实训操作：本指标满分为 20 分，根据学生在工程实训过程的表现、解决问题的能力和提交的自评报告进行综合评分。

（4）实训报告：本指标满分为 40 分，根据学生的作业表现情况，具体给分数。

（5）项目汇报：本指标满分为 10 分，在实训结束后，老师会要求学生提供一个 PPT 和小组讨论纪要，根据现场汇报和讨论纪要进行综合评分。

七、思考题

（1）请查阅文献，简要说明蒸汽裂解制乙烯的反应机理。

（2）反应温度、反应压力对蒸汽裂解制乙烯工艺的产物分布有什么影响？

（3）请探究原料组成与产物分布的相关关系。

（4）请思考原料中的硫类型与产物中的硫类型有什么相关关系？

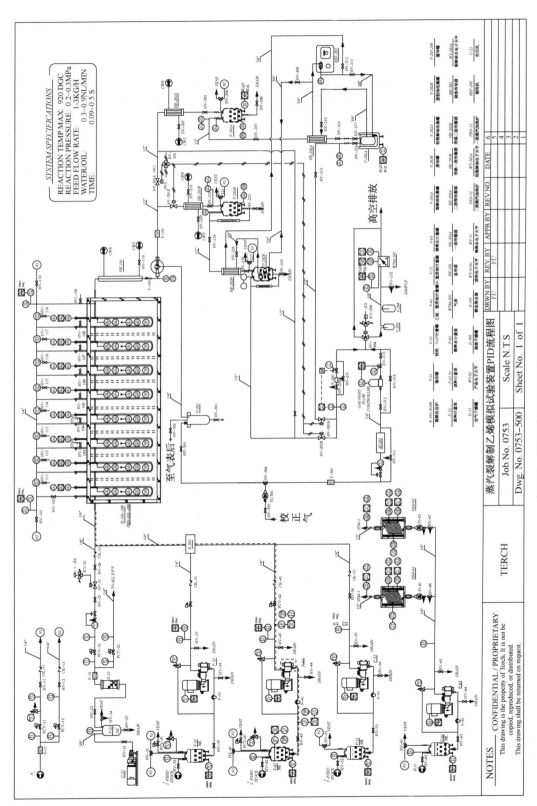

附图 I 蒸汽裂解制乙烯模拟试验装置PID图

第八章 《工程实训》课程教学大纲参考

一、课程基本信息

课程编号	02011601×××
中文名称	工程实训
英文名称	Chemical Engineering Practice
课程类别	工程实践(必修)
适用专业	化学工程与工艺
开课学期	第 7 学期
总学时	2 周
总学分	2
先修课程	化工原理、化工分离过程、石油炼制工程、化工专业实验
课程简介	《工程实训》课程是化工专业重要的实践教学环节。在学习完专业基础课、专业课程和专业实验课程之后,通过系统的工程或工艺类实践训练,深层次地完成从方案设计、生产、产品分析到总结报告的系列实践活动。实训内容围绕炼油和化工工程展开。工程实训教学主要在校内工程实训中心完成,按选定模块式进行教学
建议教材	工程实训教程、实训生产装置的操作规程
参考资料	石油炼制工程、化工原理、化工热力学、化工分离过程等课程教材

二、课程教学目标

　　《工程实训》课程任务是要求学生深入了解炼油化工典型单元设备的结构与性能,掌握典型生产装置工艺流程、工艺控制指标、操作原理,培养化工生产操作技能,掌握化工生产开停车操作、运行操作,能运用工程理念和工程思维,对生产过程中的异常现象、生产事故作出正确判断,并进行相应的处理,掌握炼油化工生产的组织与管理、产品质量分析、安全生产等方面的知识。

三、教学内容与要求

工程实训实行模块式教学方式进行，共有 7 个实训模块（见表 8-1），学生可任选其一进行。工程实训课程教学学时为 1 周，实训教学内容和要求见表 8-2。

表 8-1 工程实训可选模块

序号	模块名称	序号	模块名称
1	化工管路拆装实训	5	原油综合评价实训
2	连续萃取操作实训	6	间歇反应操作实训
3	延迟焦化工艺实训	7	蒸汽裂解制乙烯实训
4	润滑油调和及分析实训		

表 8-2 教学内容和要求

一、化工管路拆装实训（15~20 人/实验班，3~4 人/组）

教学内容	所用时间	对应的毕业要求指标点
1. 实训动员及工作布置 （1）工程实训目的 （2）化工管路装置特点、工艺流程 （3）认识化工管路设备 （4）拆卸、组装操作步骤及注意事项 （5）化工管路装置配置表 （6）安全注意事项及要求 （7）实训要求、考核方式及安排	1 天	9—1、9—2、11—1
2. 查找相关资料，做好准备工作	1 天	9—1、9—2、9—3、11—1
3. 化工管路拆装、试漏 （1）现场了解管路线路、设备 （2）领取工具箱及手套 （3）拆卸、测量主要部件尺寸，绘制装配图 （4）绘制管路控制流程图（罐、泵、阀、管、流量计、压力计、液位计等） （5）管路组装，通水试运，查漏，重新拆装 （6）工具整理、清洁卫生	7 天	9—1、9—2、9—3、11—1
4. 总结、答辩或考核（课外完成实训报告）	1 天	2—3、9—2

二、连续萃取操作实训（15~20 人/实验班，7~10 人/组）

教学内容	所用时间	对应的毕业要求指标点
1. 实训动员及工作布置 （1）工程实训目的 （2）连续萃取装置介绍 （3）煤油连续萃取脱苯甲酸工艺、技术指标 （4）萃取实训操作及实训过程中注意事项 （5）实训要求、考核方式及安排	1 天	9—1、9—2、11—1

续表

二、连续萃取操作实训(15~20 人/实验班，7~10 人/组)		
2. 现场熟悉装置，查找相关资料，制订实训方案(含装置开车、正常操作、停车方案、原料与产品的分析方法等)	2 天	9—1、9—2、9—3、11—1
3. 连续萃取法脱除煤油中的苯甲酸 (1) 实训操作前期准备 ①熟悉萃取装置工艺流程 ②熟悉设备的结构及工作原理 ③了解掌握萃取的工艺参数及其影响 ④熟悉装置控制系统，掌握液位、压力、流量、温度，参数的测量方法原理及控制调节等 ⑤全流程检查，原料准备 ⑥煤油酸值测定仪器、试剂 ⑦安全注意事项 (2) 煤油萃取脱酸操作 ①开工操作 ②装置的连续稳定运行操作调节：不同的操作工况，采样分析 ③装置停车操作 (3) 装置清洁维护 (4) 数据整理、计算分析	6 天	9—1、9—2、9—3、11—1
4. 总结、答辩或考核(课外完成实训报告)	1 天	2—3、9—2

三、延迟焦化工程实训(15~20 人/实验班，7~10 人/组)		
教学内容	所用时间	对应的毕业要求指标点
1. 实训动员及工作布置 (1) 工程实训目的 (2) 延迟焦化中试装置简介 (3) 实训成员分组及倒班安排 (4) 实训纪律、安全注意事项 (5) 考核方式	1 天	9—1、9—2、11—1
2. 现场了解装置流程，装置操作规程，查找相关资料，制订实训方案(含装置开车、正常操作、停车等环节)	2 天	9—1、9—2、9—3、11—1
3. 现场考核：单元设备名称、工艺流程、过程控制参数等	1 天	9—1
4. 延迟焦化中型试验装置操作实训(开车、正常运行、停车) (1) 装置开车：掌握装置开车方案 ①检查各计量仪器是否正常(原料罐分析天平、注气贮水罐天平、汽提水罐天平)工作是否正常 ②全流程检查(阀门、测温热电偶等) ③启动 DCS 控制系统，检查装置各测温点、控温点、测压点、控压点、流量计、液位计等仪表或控制元件是否工作正常 ④检查装置的密封性：充压试漏 ⑤程序升温(分小组轮班) (2) 进料运行：掌握温度、压力、流量等参数的控制与调节(分小组轮班) (3) 装置停车：掌握装置停车方案(停进料、小吹气、大吹气等)(分小组轮班) (4) 装置清洁维护	5 天	9—1、9—2、9—3、11—1
5. 总结、答辩或考核(课外完成实训报告)	1 天	2—3、9—2

续表

四、润滑油调和及分析工程实训(15~20人/实验班，4~5人/组)

教学内容	所用时间	对应的毕业要求指标点
1. 实训动员及工作布置 (1) 工程实训目的 (2) 油品研究开发程序介绍 (3) 润滑油调和计算、分析方法 (4) 润滑油调和设备、分析仪器 (5) 实训内容安排、考核方式 (6) 纪律、安全注意事项	1天	9—1、9—2、11—1
2. 原料准备，基础油性质分析，初步制定调和方案	1天	9—1、9—2、9—3、11—1
3. 小样调配及小样产品性质分析，确定调和配方	1天	9—1、9—2、9—3、11—1
4. 润滑油调和罐、调和装置的试运行	2天	9—1、9—2、9—3、11—1
5. 润滑油调和	2天	9—1、9—2、9—3、11—1
6. 润滑油产品分析检测	2天	9—1、9—2、9—3、11—1
7. 总结、答辩或考核(课外完成实训报告)	1天	2—3、9—2

五、原油综合评价工程实训(15~20人/实验班，4~5人/组)

教学内容	所用时间	对应的毕业要求指标点
1. 实训动员及工作布置 (1) 工程实训目的 (2) 原油评价的目的、方法及内容 (3) 原油评价实沸点蒸馏装置、分析项目 (4) 实训内容安排、考核方式 (5) 原料、仪器准备工作，制订方案 (6) 纪律、安全注意事项	1天	9—1、9—2、11—1
2. 原油基本性质分析、实沸点蒸馏切割	4天	9—1、9—2、9—3、11—1
3. 窄馏分分布规律、窄馏分性质分析	2天	9—1、9—2、9—3、11—1
4. 宽馏分性质分析及其性质分布曲线	2天	9—1、9—2、9—3、11—1
5. 总结、答辩或考核(课外完成原油综合评价报告)	1天	2—3、9—2

六、间歇反应操作实训(15~20人/实验班，4~5人/组)

教学内容	所用时间	对应的毕业要求指标点
1. 实训动员及工作布置 (1) 工程实训目的 (2) 间歇反应装置介绍：工艺流程、操作控制等 (3) 实训内容要求、考核方式及安排 (4) 纪律、安全注意事项 (5) 原料准备，制订方案	1天	9—1、9—2、11—1
2. 熟悉间歇反应装置的单元设备，装置控制系统及其工作原理	2天	9—1、9—2、9—3、11—1
3. 检查装置各单元设备、管路、阀门、机泵等是否正常，装置密封性能、控制系统是否正常	3天	9—1、9—2、9—3、11—1
4. 装置冷态开车、正常反应、装置正常停车操作，反应产物分析	3天	9—1、9—2、9—3、11—1
5. 总结、答辩或考核(课外完成实训报告)	1天	2—3、9—2

续表

七、蒸汽裂解制乙烯(15~20 人/实验班，7~8 人/组)

教学内容	所用时间	对应的毕业要求指标点
1. 实训动员及工作布置，安全培训 　(1) 乙烯裂解工艺简介 　(2) 实训装置介绍 　(3) 工艺流程介绍和实训方案介绍，各同学分工 　(4) 取出吸附柱和控制柜中吸附剂，放到真空干燥箱中进行干燥 　(5) 气密性检查 　(6) 更换尾气洗液	1 天	9—1、9—2、11—1
2. 自控操作安全培训 　(1) 给电及启动操作系统 　(2) IFIX 系统操作 　(3) 关闭操作系统 　(4) 练习自控操作 　(5) 学习设置各控温点 　(6) 练习启动水泵操作，启动泵前需检查各阀是否正确开启，学会泵流量标定，熟悉注塞泵流量标定的要点和控制方法	2 天	9—1、9—2、9—3、11—1
3. 开停机的步骤，参考装置操作规程 　(1) 实验方案及各工艺参数设定(参考装置操作规程)包括水运实验时、裂解时和烧焦时工艺参数设定 　(2) 装置进油操作，实验开始 　(3) 裂解气分析与检测 　(4) 产品油水分离操作 　(5) 停机，装置烧焦	3 天	9—1、9—2、9—3、11—1
4. 原料密度、馏程和族组成分析 　(1) 按方案进行液体产品的切割分离 　(2) 裂解汽油族组成分析 　(3) 裂解汽油、渣油硫含量分析	3 天	9—1、9—2、9—3、11—1
5. 完成实训报告，总结、答辩或考核	1 天	2—3、9—2

通过本课程的学习，可以支撑毕业要求指标点 2—3、9—1、9—2、9—3、11—1。本课程支撑的各个毕业要求指标点具体内容见表 8-3。

表 8-3　本课程支撑的各个毕业要求指标点具体内容

毕业要求指标点	课程教学目标、达成途径和评价依据
指标点 2—3：能根据分析结果撰写技术分析报告、获得有效结论	教学目标：能对化工生产过程的复杂工程问题进行分析，得到有效结论 达成途径：资料查阅、数据采集、计算分析、完成实训报告 评价依据：实训报告质量 评价方式：实训报告

毕业要求指标点	课程教学目标、达成途径和评价依据
指标点 9—1：能在多学科背景下的团队中，明晰个人职责，并尽职尽责	教学目标：培养学生的团队精神，增强责任感 达成途径：分组实训、小组答辩 评价依据：实训表现、小组答辩表现 评价方式：小组自评、教师考核，综合评定
指标点 9—2：能在多学科背景下的团队中，与团队成员团结协作，承担应尽责任	教学目标：培养学生的团结互助精神和沟通协作能力，培养责任心 达成途径：分组实训、小组答辩 评价依据：实训表现、小组答辩表现 评价方式：小组自评、教师考核，综合评定
指标点 9—3：具有多学科背景下的团队组织、协调能力	教学目标：培养学生的团队组织、协调能力 达成途径：分组实训、小组答辩 评价依据：实训表现、小组答辩表现 评价方式：小组自评、教师考核，综合评定
指标点 11—1：理解并掌握化工过程的工程管理原理，并能在多学科环境中应用	教学目标：培养学生化工生产项目管理能力 达成途径：方案制订、实训操作、设备维护等 评价依据：实训表现、实训报告、答辩表现 评价方式：实训报告、教师考核，综合评定

四、考核方式

本课程为考查课，根据学生的实训表现、组内评分、实训报告(含实训作业)的完成情况及操作技能考核综合评定成绩，按优、良、中、及格、不及格五级记分制记分，也可按100分制计分。

（1）平时成绩（30%）：指导教师根据学生在工程实训期间的出勤情况、纪律表现、学习态度等进行评分。

（2）小组自评（20%）：各实训小组选出一名组长，组长负责组内人员分工，并根据分工及组员完成情况给每位组员评分；也可由实训小组内民主评议决定，组长签名后报送指导教师。

（3）操作技能考核（20%）：实训装置的开停工、操作参数调节、故障排除等，由指导教师现场考核评定。

（4）实训报告（含实训作业）（30%）：学生按要求完成并提交实训报告。

对未能达到实训大纲的基本要求，实训期间请假、缺席超过全部实训时间的 1/3 以上，考核时不能回答主要问题或有原则性错误的学生，按不及格处理。

五、补充说明

（1）在保证工程实训教学要求的前提下，实训模块及具体内容可视实训装置、设备的实际情况进行适当调整。

（2）学生可自主选择开设的任一实训模块，但工程实训指导小组教师应视学生报名的具体情况对各实训模块学生数量进行合理调配，以保证实训质量。

第九章 《工程实训》课程总结参考

20××—20××（1）学期《工程实训》课程总结

一、授课班级：化工××—××

二、授课学时分配：本课程共 20 学时，其中动员及讲座 1 学时，方案讨论 2 学时，实训操作 16 学时，考核 1 学时。

三、课程总结：

（1）内容设计：本课程内容开设 3～4 个模块，学生任选其中之一，每项实验有 4～5 名教师。具体见表 9-1。

表 9-1 《工程实训》开设内容及任课教师

序号	实验项目	学时	任课教师
1	化工管路拆装—连续萃取实训(每 2 班分 5 个小组) 1. 实训动员及工作布置 2. 查找相关资料，组内分工与讨论、提交实训方案 3. 化工管路拆卸、部件测量、绘制装配图、流程图(罐、泵、阀、管、流量计、压力计、液位计等)、安装、试漏 4. 连续萃取装置流程、连续萃取操作参数设置与操作过程控制、煤油连续萃取(流量、剂油比、空气流量等因素分析) 5. 萃取前后煤油酸值分析 6. 总结、答辩或考核(课外完成实训报告)	20	
2	延迟焦化工艺实训 1. 实训动员及工作布置 2. 现场了解装置流程，装置操作规程，查找相关资料，制订实训方案(含装置开车、正常操作、停车等环节) 3. 现场考核：单元设备名称、工艺流程、过程控制参数等 4. 延迟焦化中型试验装置操作实训(开车、正常运行、停车) （1）装置开车：掌握装置开车方案 ① 检查各计量仪器是否正常(原料罐分析天平、注气贮水罐天平、汽提水罐天平)工作是否正常 ② 全流程检查(阀门、测温热电偶等) ③ 启动 DCS 控制系统，检查装置各测温点、控温点、测压点、控压点、流量计、液位计等仪表或控制元件是否工作正常 ④ 检查装置的密封性；充压试漏 ⑤ 程序升温(分小组轮班) （2）进料运行：掌握温度、压力、流量等参数的控制与调节(分小组轮班) （3）装置停车：掌握装置停车方案(停进料、小吹气、大吹气等)(分小组轮班) （4）装置清洁维护 5. 绘制装置流程图 6. 总结、答辩或考核(课外完成实训报告)	20	

序号	实验项目	学时	任课教师
3	润滑油调和及分析实训(CF—4 15W/50 重负荷柴油发动机油) 1. 实训动员及工作布置 (1) 工程实训目的 (2) 油品研究开发程序介绍 (3) 润滑油调和计算、分析方法 (4) 润滑油调和设备、分析仪器 (5) 实训内容安排、考核方式 (6) 纪律、安全注意事项 2. 润滑油调和技术讲座 3. 原料准备，基础油性质分析(黏度、倾点或凝点、闪点等)，初步制订调和方案 4. 小样调配及小样产品性质分析(黏度、倾点或凝点、闪点等)，确定调和配方 5. 润滑油调和罐、调和装置的试运行 6. 润滑油调和 7. 润滑油产品分析检测(黏度、倾点或凝点、闪点等) 8. 总结、答辩或考核(课外完成实训报告)	20	

（2）课程考核情况：本课程分四大模块同时进行，学生任选其一。各个模块考核方式略有不同。基本为考勤、实训方案、组员分工与合作、现场考试、答辩、实训报告等综合考评，不完成实训或不提交实验报告者不得通过，需要在下一轮教学环节中进行重修。

（3）学生掌握情况：学生从《工程实训》分别掌握了润滑油调和方法和技术、延迟焦化中试生产过程技术、化工管路拆装技术、连续萃取操作技术、相关原料和产物主要物性分析技术，学生对该门课程的评价是最高的。如润滑油调和及分析模块，学生能从调和配方方案入手，经过小样调配、小样主要性能测试、调和配方确立、大批量调和、大批量产品分析，确定产品是否合格。掌握延迟焦化中型试验装置构成、工艺流程，通过原料物性分析，从而制订详细的实训方案，包括装置开车、稳态操作、装置停车、冷却、清焦、物料衡算和产物分析等方案，深入理解延迟焦化生产设计、生产过程操作和产品质量分析过程。通过化工流体运输管路拆装实训模块，掌握化工流体运输管路中单元设备构造、安装、测量、图纸绘制、试密与检漏。通过液-液连续萃取模块学习，掌握连续萃取装置流程、操作参数设置和操作过程控制、萃取操作因素分析以及煤油萃取前后酸值变化等。从实训中体验工程技术的严谨与求实。学生从实训过程中体验了团队的合作、工程管理原理，产品质量管理得到煅炼。学生能从中获得成就感和自豪感。本门课程对毕业要求指标点支撑情况见表8-3。

附录一　工程实训指导教师守则

（1）实训指导教师应经过考核具备任职资格后才能上岗指导实训。

（2）热爱教学、重视教书育人、实训育人。不仅要给予学生必要的基本知识，传授工程实训的基本技能，而且要对学生进行一定的管理和思想作风教育。

（3）负责对学生进行安全和劳动观念、集体主义、遵守劳动纪律和爱护公共财产等多方面的思想教育。

（4）依据"化学工程与工艺专业工程实训教学大纲"认真备课，严格执行授课计划。

（5）提高自身的操作技能、钻研教学大纲、业务知识和教学方法，调动学生学习的主动性，培养学生分析问题和解决问题的能力。

（6）实训过程中要精心辅导、态度和气。学生操作时指导教师要集中精力仔细观察，巡回检查，及时发现和纠正实习中出现的各种问题。

（7）坚守岗位。上班时不许无故离开辅导岗位，不吃东西，不看报纸，不闲聊溜达。因病、因事不能上班时均需事先请假。

（8）实训指导教师作风正派、评分公正，评分时应按评分标准，全面衡量、严格要求，不得降低标准。

（9）指导教师之间要互相学习、取长补短、互相配合，努力提高业务水平。

附录二 工程实训学生守则

（1）实训前必须认真预习实训指导书和有关理论，了解实训内容、目的、要求、方法和注意事项，做好相关准备。

（2）学生必须听从指导教师的指导，自觉遵守纪律，做好安全防范工作。

（3）学生在实训期间必须严格遵守实训时间，不得迟到、早退和旷课。

（4）在教学全过程中，应当严格执行安全管理规定和安全操作规程，服从管理，正确着装和使用劳动保护用品。在进入实训室前，必须穿好工作服，不得穿短裤、背心、拖鞋、裙子、高跟鞋。

（5）学生操作前，应检查所用设备、工具、仪器等是否完好无损，如有损坏立即报告指导教师。操作中，如设备有故障，应立即停止操作。

（6）学生应爱护实训设备、工具、仪器，节约用水用电，节约材料，如损坏设备仪器应及时报告。

（7）学生在实训室参加课程学习时，不准随地吐痰、乱扔垃圾、玩手机、打闹嬉戏、大声喧哗等。

（8）严禁擅自开动机器设备及仪器设备，避免发生安全事故，防止损坏仪器设备。

（9）实训结束后，应及时切断水、电、气源，将设备、工具、仪器等物品整理归位，清理实训场所后，方可离开。

附录三　工业卫生和劳动保护

化工单元实训基地的老师和学生进入化工单元实训基地后必须佩戴合适的防护手套，无关人员不得进入化工单元实训基地。

1. 动设备操作安全注意事项

（1）启动电动机，上电前先用手转动一下电机的轴，通电后，立即查看电机是否已转动；若不转动，应立即断电，否则电机很容易烧毁。

（2）确认工艺管线、工艺条件正常。

（3）启动电机后看其工艺参数是否正常。

（4）观察有无过大噪声、振动及松动的螺栓。

（5）电机运转时不可接触转动件。

2. 静设备操作安全注意事项

（1）操作及取样过程中注意防止静电产生。

（2）流化床在需清理或检修时应按安全作业规定进行。

（3）容器应严格按规定的装料系数装料。

3. 安全技术

进行实训之前必须了解室内总电源开关与分电源开关的位置，以便出现用电事故时及时切断电源；在启动仪表柜电源前，必须清楚每个开关的作用。

设备配有压力、温度等测量仪表，一旦出现异常及时对相关设备停车，进行集中监视并做适当处理。不能使用有缺陷的梯子，登梯前必须确保梯子支撑稳固，面向梯子上下并双手扶梯，一人登梯时要有同伴监护。

4. 职业卫生

（1）噪声对人体的危害：噪声对人体的危害是多方面的，噪声可以使人耳聋，引起高血压、心脏病、神经官能症等疾病；还会污染环境，影响人们的正常生活，降低劳动生产率。

（2）工业企业噪声的卫生标准：工业企业生产车间和作业场所的工作点的噪声标准为85分贝。现有工业企业经努力暂时达不到标准时，可适当放宽，但不能超90分贝。

（3）噪声的防扩：噪声的防扩方法很多，而且不断改进，主要有三个方面，即控制声源、控制噪声传播、加强个人防护。当然，降低噪声的根本途径是对声源采取隔声、减震和消除噪声。

5. 行为规范

（1）严禁烟火、不准吸烟。

（2）保持实训环境的整洁。

（3）不准从高处乱扔杂物。

（4）不准随意坐在灭火器箱、地板和教室外的凳子上。

（5）非紧急情况下不得随意使用消防器材(训练除外)。

（6）不得靠在实训装置上。

（7）在实训基地、教室里不得打骂和嬉闹。

（8）使用完的清洁用具按规定放置整齐。

附录四　化工生产41条禁令

1. 生产区内 14 个不准

(1) 加强明火管理, 防火、防爆区内不准吸烟。车辆进入应戴阻火器。

(2) 生产区内不准未成年人进入。

(3) 上班时间不准睡觉、干私活、离岗和做与生产无关的事。

(4) 在班前班中不准喝酒。

(5) 不准使用汽油等挥发性强的可燃液体擦洗设备、用具和衣物。

(6) 不按规定穿戴劳动保护用品 (包括工作服、工作帽、工作鞋等), 不准进入生产岗位。

(7) 安全装置不齐全的设备、工具不准使用。

(8) 不是自己分管的设备、工具不准动用。

(9) 检修设备时安全措施不落实, 不准开始检修。

(10) 停机检修后的设备, 未经彻底检查不准启动。

(11) 未办理高处作业证、不戴安全带、脚手架跳板不牢, 不准登高作业。

(12) 石棉瓦、轻薄塑料瓦上不固定好跳板, 不准作业。

(13) 未安装触电保护器的移动式电动工具, 不准使用。

(14) 未取得安全作业证的职工, 不准独立作业; 特殊工种职工, 未经取证, 不准作业。

2. 进入容器、设备 8 个必须

(1) 必须申请办证, 并得到批准。

(2) 必须进行安全隔绝。

(3) 必须切断动力电, 并使用安全灯具。

(4) 必须进行转换、通风。

(5) 必须按时间要求进行安全分析。

(6) 必须佩戴规定的防护用品。

(7) 必须有人在器外监护, 并坚守岗位。

(8) 必须有抢救后备措施。

3. 动火作业 6 个禁令

(1) 动火证未经批准, 禁止动火。

(2) 不与生产系统可靠隔绝, 禁止动火。

(3) 不进行清洗、置换不合格, 禁止动火。

(4) 不消除周围易燃物, 禁止动火。

（5）不按时作动火分析，禁止动火。

（6）没有消防措施，无人监护，禁止动火。

4. 操作工6个严格

（1）严格执行交接班制。

（2）严格进行巡回检查。

（3）严格控制工艺指标。

（4）严格执行操作法（票）。

（5）严格遵守劳动纪律。

（6）严格执行安全规定。

5. 机动车辆7个禁令

（1）严禁无证、无令（调度令）开车。

（2）严禁酒后开车。

（3）严禁超速行驶和空档溜车。

（4）严禁带病行车。

（5）严禁人货混载行车。

（6）严禁超标装载行车。

（7）严禁无阻火器车辆进入禁火区域。

1. 消防基本知识

(1) 燃烧：是指可燃物与氧或氧化剂作用发生的释放热量的化学反应，通常伴有火燃和发烟现象。

(2) 燃烧发生必备的三个条件：可燃物、助燃剂和火源，并且三个要同时具备，去掉一个火灾即可扑灭。

(3) 可燃物：凡是能与空气中的氧或氧化剂起化学反应的物质统称为可燃物。按其物理状态可分为气体可燃物(如氧气、CO)，液体可燃物(如酒精、汽油)和固体可燃物(如木材、布料、塑料、纸板等)三类。

(4) 助燃剂：凡是能帮助和支持可燃物燃烧的物质统称为助燃剂(如空气、氧气、氢气等)。

(5) 着火源：凡是能够引起可燃物与助燃剂发生燃烧反应的能量来源(常见的是热量)称为火源。

(6) 爆炸：是指在极其短的时间内由可燃物和爆炸物品发生化学反应而引发的瞬间燃烧，同时产生大量的热和气体，并以很大的压力向四周扩散的现象。

(7) 化学危险品：凡是具有易燃易爆、有毒、腐蚀性，在搬运、储存或使用过程中，在一定条件下能引起燃烧、爆炸，导致人身或财产损失的化学物品，统称为化学危险品。

(8) 化学危险品一般分为：爆炸品、毒害品、腐蚀性、压缩气体和液化气体、易燃液体、易燃固体、自燃物品和遇湿易燃物品、氧化剂和有机过氧化物、放射性物品等。

2. 常见火灾

(1) 电器类发生火灾的原因：

①电线年久失修；②电线绝缘层受损、芯线裸露；③超负荷用电；④短路。

(2) 液化气体发生火灾的原因：

气体在储存、搬运或使用过程中发生泄漏；遇到明火。

(3) 化学危险品发生火灾的原因：

储存、搬运、使用过程中发生泄漏遇到明火或受热、撞击、摩擦有些物品(如：氧化剂接触)。

(4) 生活用火引发火灾的原因：

①吸烟；②照明；③驱蚊；④小孩玩火；⑤燃放烟花爆竹；⑥使用易燃品。

3. 常见火灾的扑救方法

(1) 火灾扑救的基本方法：

窒息减灭法：用湿棉被、沙等覆盖在燃烧物表面，使燃烧物缺氧的助燃而熄灭。

　　冷却减灭法：将水或灭火剂直接喷洒在燃烧物上面，使燃烧物的温度降低到燃点以下，从而终止燃烧。

　　隔离减灭法：将燃烧物体邻近的可燃物隔离开，使燃烧停止。

　　抑制法：将灭火剂喷在燃烧物体上，使灭火剂参与燃烧反应，达到抑制燃烧。

　　（2）火灾扑救的注意事项：

　　为保证灭火人员安全，发生火灾后，应首先切断电源，再使用水、泡沫等灭火剂灭火。

　　密闭条件好的小面积室内火灾，应先关闭门窗以阻止新鲜空气的进入，将相邻房间门紧闭并淋湿水，以阻止火势蔓延。

　　对受到火势威胁的易燃易爆物品等，应做好防护措施，如关闭阀门、疏散到安全地带等，并及时撤离在场人员。

4. 常见火灾的预防基本措施

　　（1）要预防火灾就要消除燃烧的条件，其基本措施是：

　　管制可燃物；隔绝助燃物；消除着火源；强化防火防灾的主观意识。

　　（2）电器类火灾的预防：

　　①严禁非电工人员安装、修理电器。

　　②选择适宜的电线，保护好电线绝缘层，发现电线老化要及时更换。

　　③严禁超负荷运载。

　　④接头必须牢固、避免接触不良。

　　⑤禁止用铜丝代替保险丝。

　　⑥定期检查，加强监视。

　　（3）化学品库火灾的预防：

　　①化学品库的容器、管道要保持良好状态，严防跑、冒、滴、漏。

　　②化学品库存放场所，严禁一切明火。

　　③分类储存，性质相抵触、灭火方法不一样的化学危险品绝对不可以混放。

　　④从严管理，互相监督。

　　⑤严禁烟火。

5. 灭火器的适用范围及使用方法

　　（1）MFT 型推车或灭火器。

　　①适用于扑救石油及其产品、可燃气体易燃液体、电器设备等火灾。

　　②使用时取下喷枪，伸展胶管，按逆时针方向转动手枪至开启位置，双手握住软管用力紧压开关头，对准火焰根部，喷射推进。

　　（2）干粉灭火器。

　　①适用于扑救液体、气体、电器、固体火灾，能够抑制燃烧的连锁反应。

　　②使用时先将保险锁拔掉，然后一手握紧喷头对准火焰根部，一手下压开启开关压把。